Actinidia

"十三五"国家重点图书出版规划项目
"中国果树地方品种图志"丛书

中国猕猴桃
地方品种图志

曹尚银　徐小彪　钟　敏　黄春辉　等　著

中国林业出版社

"十三五"国家重点图书出版规划项目
"中国果树地方品种图志"丛书

Actinidia

中国猕猴桃
地方品种图志

图书在版编目（CIP）数据

中国猕猴桃地方品种图志 / 曹尚银等著. —北京：中国林
业出版社, 2017.12
（中国果树地方品种图志丛书）

ISBN 978-7-5038-9400-8

Ⅰ. ①中… Ⅱ. ①曹… Ⅲ. ①猕猴桃—品种—中国—图集
Ⅳ. ①S663.402.92-64

中国版本图书馆CIP数据核字(2017)第302737号

责任编辑：何增明　张　华
出版发行：中国林业出版社（100009 北京西城区刘海胡同7号）
电　　话：010-83143517
印　　刷：固安县京平诚乾印刷有限公司
版　　次：2018年1月第1版
印　　次：2018年1月第1次印刷
开　　本：889mm×1194mm　1/16
印　　张：21.25
字　　数：660千字
定　　价：328.00元

《中国猕猴桃地方品种图志》
著者名单

主著者： 曹尚银　徐小彪　钟　敏　黄春辉

副主著者： 陶俊杰　辜青青　陈　明　方金豹　齐秀娟　曹秋芬　房经贵　李好先　李天忠
尹燕雷

著　者（以姓氏笔画为序）

卜海东	于　杰	于丽艳	于海忠	上官凌飞	马小川	马和平	马学文	马贯羊	马彩云
王　企	王　晨	王文战	王圣元	王亚芝	王亦学	王春梅	王胜男	王振亮	王爱德
王斯好	牛　娟	尹燕雷	邓　舒	卢明艳	卢晓鹏	付永琦	冯立娟	兰彦平	纠松涛
曲　艺	曲雪艳	朱　博	朱　壹	朱旭东	刘　丽	刘　恋	刘　猛	刘少华	刘贝贝
刘伟婷	刘众杰	刘国成	刘佳琴	刘春生	刘科鹏	刘雪林	次仁朗杰	汤佳乐	孙　乾
孙其宝	纪迎琳	严　萧	李　锋	李天忠	李永清	李西时	李好先	李红莲	李贤良
李泽航	李帮明	李晓鹏	李章云	李馨玥	杨选文	杨雪梅	肖　蓉	吴　寒	吴传宝
邹梁峰	冷翔鹏	宋宏伟	张　川	张　懿	张久红	张子木	张文标	张伟兰	张全军
张冰冰	张克坤	张利超	张青林	张建华	张春芬	张俊畅	张艳波	张晓慧	张富红
张靖国	陈　明	陈　璐	陈利娜	陈英照	陈佳琪	陈楚佳	苑兆和	范宏伟	罗正荣
罗东红	罗昌国	岳鹏涛	周　威	周国振	周厚成	郑　婷	郎彬彬	房经贵	孟玉平
赵弟广	赵艳莉	赵晨辉	郝　理	郝兆祥	胡清波	钟　敏	钟必凤	侯丽媛	俞飞飞
姜志强	姜春芽	骆　翔	秦　栋	秦英石	袁　晖	袁平丽	袁红霞	聂　琼	聂园军
贾海锋	夏小丛	夏鹏云	倪　勇	徐小彪	徐世彦	徐雅秀	高　洁	郭　磊	郭会芳
郭俊英	郭俊杰	唐超兰	涂贵庆	陶俊杰	黄　清	黄春辉	黄晓娇	黄燕辉	曹　达
曹尚银	曹秋芬	戚建锋	康林峰	梁　建	梁英海	葛翠莲	董文轩	董艳辉	敬　丹
韩伟亚	辜青青	谢　敏	谢恩忠	谢深喜	廖　娇	廖光联	谭冬梅	熊　江	潘　斌
薛　辉	薛华柏	薛茂盛	霍俊伟	魏清江					

总序一

Foreword One

　　果树是世界农产品三大支柱产业之一，其种质资源是进行新品种培育和基础理论研究的重要源头。果树的地方品种（农家品种）是在特定地区经过长期栽培和自然选择形成的，对所在地区的气候和生产条件具有较强的适应性，常存在特殊优异的性状基因，是果树种质资源的重要组成部分。

　　我国是世界上最为重要的果树起源中心之一，世界各国广泛栽培的梨、桃、核桃、枣、柿、猕猴桃、杏、板栗等落叶果树树种多源于我国。长期以来，人们习惯选择优异资源栽植于房前屋后，并世代相传，驯化产生了大量适应性强、类型丰富的地方特色品种。虽然我国果树育种专家利用不同地理环境和气候形成的地方品种种质资源，已改良培育了许多果树栽培品种，但迄今为止尚有大量地方品种资源包括部分农家珍稀果树资源未予充分利用。由于种种原因，许多珍贵的果树资源正在消失之中。

　　发达国家不但调查和收集本国原产果树树种的地方品种，还进入其他国家收集资源，如美国系统收集了乌兹别克斯坦的葡萄地方品种和野生资源。近年来，一些欠发达国家也已开始重视地方品种的调查和收集工作。如伊朗收集了872份石榴地方品种，土耳其收集了225份无花果、386份杏、123份扁桃、278份榛子和966份核桃地方品种。因此，调查、收集、保存和利用我国果树地方品种和种质资源对推动我国果树产业的发展有十分重要的战略意义。

　　中国农业科学院郑州果树研究所长期从事果树种质资源调查、收集和保存工作。在国家科技部科技基础性工作专项重点项目"我国优势产区落叶果树农家品种资源调查与收集"支持下，该所联合全国多家科研单位、大专院校的百余名科技人员，利用现代化的调查手段系统调查、收集、整理和保护了我国主要落叶果树地方品种资源（梨、核桃、桃、石榴、枣、山楂、柿、樱桃、杏、葡萄、苹果、猕猴桃、李、板栗），并建立了档案、数据库和信息共享服务体系。这项工作摸清了我国果树地方品种的家底，为全国性的果树地方品种鉴定评价、优良基因挖掘和种质创新利用奠定了坚实的基础。

　　正是基于这些长期系统研究所取得的创新性成果，郑州果树研究所组织撰写了"中国果树地方品种图志"丛书。全书内容丰富、系统性强、信息量大，调查数据翔实可靠。它的出版为我国果树科研工作者提供了一部高水平的专业性工具书，对推动我国果树遗传学研究和新品种选育等科技创新工作有非常重要的价值。

中国农业科学院副院长
中国工程院院士　　吴孔明

2017年11月21日

总序二

Foreword Two

  中国是世界果树的原生中心，不仅是果树资源大国，同时也是果品生产大国，果树资源种类、果品的生产总量、栽培面积均居世界首位。中国对世界果树生产发展和品种改良做出了巨大贡献，但中国原生资源流失严重，未发挥果树资源丰富的优势与发展潜力，大宗果树的主栽品种多为国外品种，难以形成自主创新产品，国际竞争力差。中国已有4000多年的果树栽培历史，是果树起源最早、种类最多的国家之一，拥有世界总量3/5果树种质资源，世界上许多著名的栽培种，如白梨、花红、海棠果、桃、李、杏、梅、中国樱桃、山楂、板栗、枣、柿子、银杏、香榧、猕猴桃、荔枝、龙眼、枇杷、杨梅等许多树种原产于中国。原产中国的果树，经过长期的栽培选择，已形成了生态类型众多的地方品种，对当地自然或栽培环境具有较好的适应性。一般多为较混杂的群体，如发芽期、芽叶色泽和叶形均有多种变异，是系统育种的原始材料，不乏优良基因型，其中不少在生产中还在发挥着重要作用，主导当地的果树产业，为当地经济和农民收入做出了巨大贡献。

  我国有些果树长期以来在生产上还应用的品种基本都是各地的地方品种（农家品种），虽然开始通过杂交育种选育果树新品种，但由于起步晚，加上果树童期和育种周期特别长，造成目前我国生产上应用的果树栽培品种不少仍是从农家品种改良而来，通过人工杂交获得的品种仅占一部分。而且，无论国内还是国外，现有杂交品种都是由少数几个祖先亲本繁衍下来的，遗传背景狭窄，继续在这个基因型稀少的池子中捞取到可资改良现有品种的优良基因资源，其可能性越来越小，这样的育种瓶颈也直接导致现有品种改良潜力低下。随着现代育种工作的深入，以及市场对果品表现出更为多样化的需求和对果实品质提出更高的要求，育种工作者越来越感觉到可利用的基因资源越来越少，品种创新需要挖掘更多更新的基因资源。野生资源由于果实经济性状普遍较差，很难在短期内对改良现有品种有大的作为；而农家品种则因其相对优异的果实性状和较好的适应性与抗逆性，成为可在短期内改良现有品种的宝贵资源。为此，我们还急需进一步加大力度重视果树农家品种的调查、收集、评价、分子鉴定、利用和种质创新。

  "中国果树地方品种图志"丛书中的种质资源的收集与整理，是由中国农业科学院郑州果树研究所牵头，全国22个研究所和大学、100多个科技人员同时参与，首次对我国果树地方品种进行较全面、系统调查研究和总结，工作量大，内容翔实。该丛书的很多调查图片和品种性状资料来之不易，许多优异、濒危的果树地方品种资源多处于偏远的山区村庄，交通不便，需跋山涉水、历经艰难险阻才得以调查收集，多为首次发表，十分珍贵。全书图文并茂，科学性和可读性强。我相信，此书的出版必将对我国果树地方品种的研究和开发利用发挥重要作用。

中国工程院院士 束怀瑞

2017年10月25日

总 前 言

General Introduction

　　果树地方品种（农家品种）具有相对优异的果实性状和较好的适应性与抗逆性，是可在短期内改良现有品种的宝贵资源。"中国果树地方品种图志"丛书是在国家科技部科技基础性工作专项重点项目"我国优势产区落叶果树农家品种资源调查与收集"（项目编号：2012FY110100）的基础上凝练而成。该项目针对我国多年来对果树地方品种重视不够，致使果树地方品种的家底不清，甚至有的濒临灭绝，有的已经灭绝的严峻状况，由中国农业科学院郑州果树研究所牵头，联合全国多家具有丰富的果树种质资源收集保存和研究利用经验的科研单位和大专院校，对我国主要落叶果树地方品种（梨、核桃、桃、石榴、枣、山楂、柿、樱桃、杏、葡萄、苹果、猕猴桃、李、板栗）资源进行调查、收集、整理和保护，摸清主要落叶果树地方品种家底，建立档案、数据库和地方品种资源实物和信息共享服务体系，为地方品种资源保护、优良基因挖掘和利用奠定基础，为果树科研、生产和创新发展提供服务。

一、我国果树地方品种资源调查收集的重要性

　　我国地域辽阔，果树栽培历史悠久，是世界上最大的栽培果树植物起源中心之一，素有"园林之母"的美誉，原产果树种质资源十分丰富，世界各国广泛栽培的如梨、桃、核桃、枣、柿、猕猴桃、杏、板栗等落叶果树树种都起源于我国。此外，我国从世界各地引种果树的工作也早已开始。如葡萄和石榴的栽培种引入中国已有2000年以上历史。原产我国的果树资源在长期的人工选择和自然选择下形成了种类纷繁的、与特定地区生态环境条件相适应的生态类型和地方品种；而引入我国的果树材料通过长期的栽培选择和自然驯化选择，同样形成了许多适应我国自然条件的生态类型或地方品种。

　　我国果树地方品种资源种类繁多，不乏优良基因型，其中不少在生产中还在发挥着重要作用。比如'京白梨''莱阳梨''金川雪梨'；'无锡水蜜''肥城桃''深州蜜桃''上海水蜜'；'木纳格葡萄'；'沾化冬枣''临猗梨枣''泗洪大枣''灵宝大枣'；'仰韶杏''邹平水杏''德州大果杏''兰州大接杏''郯城杏梅'；'天目蜜李''绥棱红'；'崂山大樱桃''滕县大红樱桃''太和大紫樱桃''南京东塘樱桃'；山东的'镜面柿''四烘柿'，陕西的'牛心柿''磨盘柿'，河南的'八月黄柿'，广西的'恭城水柿'；河南的'河阴石榴'等许多地方品种在当地一直是主栽优势品种，其中的许多品种生产已经成为当地的主导农业产业，为发展当地经济和提高农民收入做出了巨大贡献。

　　还有一些地方果树品种向外迅速扩展，有的甚至逐步演变成全国性的品种，在原产地之外表现良好。比如河南的'新郑灰枣'、山西'骏枣'和河北的'赞皇大枣'引入新疆后，结果性能、果实口感、品质、产量等表现均优于其在原产地的表现。尤其是出产于新疆的'灰枣'和'骏枣'，以其绝佳的口感和品质，在短短5～6年的时间内就风靡全国市场，其在新疆的种植面积也迅速发展逾3.11万hm²，成为当地名副其实的"摇钱树"。分布范围更广的当属'砀山酥梨'，以其出

色的鲜食品质、广泛的栽培适应性,从安徽砀山的地方性品种几十年时间迅速发展成为在全国梨生产量和面积中达到1/3的全国性品种。

果树地方品种演变至今有着悠久的历史,在漫长的演进过程中经历过各种恶劣的生态环境和毁灭性病虫害的选择压力,能生存下来并获得发展,决定了它们至少在其自然分布区具有良好的适应性和较为全面的抗性。绝大多数地方品种在当地栽培面积很小,其中大部分仅是散落农家院中和门前屋后,甚至不为人知,但这里面同样不乏可资推广的优良基因型;那些综合性状不够好、不具备直接推广和应用价值的地方品种,往往也潜藏着这样或那样的优异基因可供发掘利用。

自20世纪中叶开始,国内外果树生产开始推行良种化、规模化种植,大规模品种改良初期果树产业的产量和质量确实有了很大程度的提高;但时间一长,单一主栽品种下生物遗传多样性丧失,长期劣变积累的负面影响便显现出来。大面积推广的栽培品种因当地的气候条件发生变化或者出现新的病害受到毁灭性打击的情况在世界范围内并不鲜见,往往都是野生资源或地方品种扮演救火英雄的角色。

20世纪美国进行的美洲栗抗栗疫病育种的例子就是证明。栗疫病由东方传入欧美,1904年首次见于纽约动物园,结果几乎毁掉美国、加拿大全部的美洲栗,在其他一些国家也造成毁灭性的影响。对栗疫病敏感的还有欧洲栗、星毛栎和活栎。美国康涅狄格州农业试验站从1907年开始研究栗疫病,这个农业试验站用对栗疫病具有抗性的中国板栗和日本栗作为亲本与美洲栗杂交,从杂交后代中选出优良单株,然后再与中国板栗和日本栗回交。并将改良栗树移植进野生栗树林,使其与具有基因多样性的栗树自然种群融合,产生更高的抗病性,最终使美洲栗产业死而复生。

我国核桃育种的例子也很能说明问题。新疆核桃大多是实生地方品种,以其丰产性强、结果早、果个大、壳薄、味香、品质优良的特点享誉国内外,引入内地后,黑斑病、炭疽病、枝枯病等病害发生严重,而当地的华北核桃种群则很少染病,因此人们认识到华北核桃种群是我国核桃抗性育种的宝贵基因资源。通过杂交,华北核桃与新疆核桃的后代在发病程度上有所减轻,部分植株表现出了较强的抗性。此外,我国从铁核桃和普通核桃的种间杂交中选育出的核桃新品种,综合了铁核桃和普通核桃的优点,既耐寒冷霜冻,又弥补了普通核桃在南方高温多湿环境下易衰老、多病虫害的缺陷。

'火把梨'是云南的地方品种,广泛分布于云南各地,呈零散栽培状态,果皮色泽鲜红艳丽,外观漂亮,成熟时云南多地农贸市场均有挑担零售,亦有加工成果脯。中国农业科学院郑州果树研究所1989年开始选用日本栽培良种'幸水梨'与'火把梨'杂交,育成了品质优良的'满天红''美人酥'和'红酥脆'三个红色梨新品种,在全国推广发展很快,取得了巨大的社会、经济效益,掀起了国内红色梨产业发展新潮,获得了国际林产品金奖、全国农牧渔业丰收奖二等奖和中国农业科学院科技成果一等奖。

富士系苹果引入中国,很快在各苹果主产区形成了面积和产量优势。但在辽宁仅限于年平均气温10℃,1月平均气温-10℃线以南地区栽培。辽宁中北部地区扩展到中国北方几省区尽管日照充足、昼夜温差大、光热资源丰富,但1月平均气温低,富士苹果易出现生理性冻害造成抽条,无法栽培。沈阳农业大学利用抗寒性强、大果、肉质酸酥、耐贮运的地方品种'东光'与'富士'进行杂交,杂交实生苗自然露地越冬,以经受冻害淘汰,顺利选育出了适合寒地栽培的苹果品种'寒富'。'寒富'苹果1999年被国家科技部列入全国农业重点开发推广项目,到目前为止已经在内蒙古南部、吉林珲春、黑龙江宁安、河北张家口、甘肃张掖、新疆玛纳斯和西藏林芝等地广泛栽培。

地方品种虽然重要,但目前许多果树地方品种的处境却并不让人乐观!我们在上马优良新品种和外引品种的同时,没有处理好当地地方品种的种质保存问题,许多地方品种因为不适应商业化的要求生存空间被挤占。如20世纪80年代巨峰系葡萄品种和21世纪初'红地球'葡萄的大面积推广，造成我国葡萄地方品种的数量和栽培面积都在迅速下降，甚至部分地方品种在生产上的消失。20世纪80年代我国新疆地区大约分布有80个地方品种或品系，而到了21世纪只有不到30个地方品种还能在生产上见到，有超过一半的地方品种在生产上消失，同样在山西省清徐县曾广泛分布的古老品种'瓶儿'，现在也只能在个别品种园中见到。

加上目前中国正处于经济快速发展时期，城镇化进程加快，因为城镇发展占地、修路、环境恶化等原因，许多果树地方种正在飞速流失，亟待保护。以山西省的情况为例：山西有山楂地方品种'泽州红''绛县粉口''大果山楂''安泽红果'等10余个，近年来逐年减少；有板栗地方品种10余个，已经灭绝或濒临灭绝；有柿子地方品种近70个，目前60%已灭绝；有桃地方品种30余个，目前90%已经灭绝；有杏地方品种70余个，目前60%已灭绝，其余濒临灭绝；有核桃地方品种60余个，目前有的已灭绝，有的濒临灭绝，有的品种和名称混乱；有2个石榴地方品种，其中1个濒临灭绝！

又如，甘肃省果树资源流失非常严重。据2008年初步调查，发现5个树种的103个地方果树珍稀品种资源濒临流失，研究人员采集有限枝条，以高接方式进行了抢救性保护；7个树种的70个地方果树品种已经灭绝，其中梨48个、桃6个、李4个、核桃3个、杏3个、苹果4个、苹果砧木2个，占原《甘肃果树志》记录品种数的4.0%。对照《甘肃果树志》（1995年），未发现或已流失的70个品种资源主要分布在以下区域：河西走廊灌溉果树区未发现或已灭绝的种质资源6个（梨品种2个、苹果品种4个）；陇西南冷凉阴湿果树区未发现或灭绝资源10个（梨资源7个、核桃资源3个）；陇南山地果树区未发现或流失资源20个（梨资源14个、桃资源4个、李资源2个）；陇东黄土高原果树区未发现或流失资源25个（梨品种16个、苹果砧木2个、杏品种3个、桃品种2个、李品种2个）；陇中黄土高原丘陵果树区未发现或已流失的资源9个，均为梨资源。

随着果树栽培良种化、商品化发展，虽然对提高果品生产效益发挥了重要作用，但地方品种流失也日趋严重，主要表现在以下几个方面：

1. 城镇化进程的加快，随着传统特色产业地位的丧失，地方品种逐渐减少

近年来，随着城镇化进程的加快，以前的郊区已经变成了城市，以前的果园已经难寻踪迹，使很多地方果树品种随着现代城市的建设而丢失，或正面临丢失。例如，甘肃省兰州市安宁区曾经是我国桃的优势产区，但随着城镇化的建设和发展，桃树栽培面积不到20世纪80年代的1/5，在桃园大面积减少的同时，地方品种也大幅度流失。兰州'软儿梨'也是一个古老的品种，但由于城镇化进程的加快，许多百年以上的大树被砍伐，也面临品种流失的威胁。

2. 果树良种化、商品化发展，加快了地方品种的流失

随着果树栽培良种化、商品化发展，提高了果品生产的经济效益和果农发展果树的积极性，但对地方品种的保护和延续造成了极大的伤害，导致了一些地方品种逐渐流失。一方面是新建果园的统一规划设计，把一部分自然分布的地方品种淘汰了；另一方面，由于新品种具有相对较好的外观品质，以前农户房前屋后栽植的地方品种，逐渐被新品种替代，使很多地方品种面临灭绝流失的威胁。

3. 国家对果树地方品种的保护宣传力度和配套措施不够

依靠广大农民群众是保护地方品种种质资源的基础。由于国家对地方品种种质资源的重要性和保护意义宣传力度不够，农民对地方品种保护的认知不到位，导致很多地方品种在生产和生活中不经意地流失了。同时，地方相关行政和业务部门，对地方品种的保护、监管、标示力度不够，没有体现出地方品种资源的法律地位，导致很多地方品种濒临灭绝和正在灭绝。

发达国家对各类生物遗传资源（包括果树）的收集、研究和利用工作极为重视。发达国家在对本国生物遗传资源大力保护的同时，还不断从发展中国家大肆收集、掠夺生物遗传资源。美国和前苏联都曾进行过系统地国外考察，广泛收集外国的植物种质资源。我国是世界上生物遗传资源最丰

富的国家之一，也是发达国家获取生物遗传资源的重要地区，其中最为典型的案例当属我国大豆资源（美国农业部的编号为PI407305）流失海外，被孟山都公司研究利用，并申请专利的事件。果树上我国的猕猴桃资源流失到新西兰后被成功开发利用，至今仍然有大量的国外公司组织或个人到我国的猕猴桃原产地大肆收集猕猴桃地方品种资源和野生资源。甚至连绝大多数外国人现在都还不甚了解的我国特色果树——枣的资源也已经通过非正常途径大量流失到了国外！若不及时进行系统的调查摸底和保护，那种"种中国豆，侵美国权"的荒诞悲剧极有可能在果树上重演！

综上所述，我国果树地方品种是具有许多优异性状的资源宝库，目前正以我们无法想象的速度消失或流失；应该立即投入更多的力量，进行资源调查、收集和保护，把我们自己的家底摸清楚，真正发挥我国果树种质资源大国的优势。那些可能由于建设或因环境条件恶化而在野外生存受到威胁的果树地方品种，不能在需要抢救时才引起注意，而应该及早予以调查、收集、保存。要对我国落叶果树地方品种进行调查、收集和保存，有多种策略和方法，最直接、最有效的办法就是对优势产区进行重点调查和收集。

二、调查收集的方式、方法

按照各树种资源调查、收集、保存工作的现状，重点调查资源工作基础薄弱的树种（石榴、樱桃、核桃、板栗、山楂、柿），对已经具有较好资源工作基础和成果的树种（梨、桃、苹果、葡萄）做补充调查。根据各树种的起源地、自然分布区和历史栽培区确定优势产区进行调查，各树种重点调查区域见本书附录一。各省（自治区、直辖市）主要调查树种见本书附录二。

通过收集网络信息、查阅文献资料等途径，从文字信息上掌握我国主要落叶果树优势产区的地域分布，确定今后科学调查的区域和范围，做好前期的案头准备工作。

实地走访主要落叶果树种植地区，科学调查主要落叶果树的优势产区区域分布、历史演变、栽培面积、地方品种的种类和数量、产业利用状况和生存现状等情况，最终形成一套系统的相关科学调查分析报告。

对我国优势产区落叶果树地方品种资源分布区域进行原生境实地调查和GPS定位等，评价原生境生存现状，调查相关植物学性状、生态适应性、栽培性能和果实品质等主要农艺性状（文字、特征数据和图片），对优良地方品种资源进行初步评价、收集和保存。

对叶、枝、花、果等性状按各种资源调查表格进行记载，并制作浸渍或腊叶标本。根据需要对果实进行果品成分的分析。

加强对主要生态区具有丰产、优质、抗逆等主要性状资源的收集保存。注重地方品种优良变异株系的收集保存。

主要针对恶劣环境条件下的地方品种，注重对工矿区、城乡结合部、旧城区等地濒危和可能灭绝地方品种资源的收集保存。

收集的地方品种先集中到资源圃进行初步观察和评估，鉴别"同名异物"和"同物异名"现象。着重对同一地方品种的不同类型（可能为同一遗传型的环境表型）进行观察，并用有关仪器进行简化基因组扫描分析，若确定为同一遗传型则合并保存。对不同的遗传型则建立其分子身份鉴别标记信息。

已有国家资源圃的树种，收集到的地方品种入相应树种国家种质资源圃保存，同时在郑州、随州地区建立国家主要落叶果树地方品种资源圃，用于集中收集、保存和评价有关落叶果树地方品种资源，以确保收集到的果树地方品种资源得到有效的保护。郑州和随州地处我国中部地区，中原之腹地，南北交汇处，既无北方之严寒，又无南方之酷热。因此，非常适宜我国南北各地主要落叶果树树种种质资源的生长发育，有利于品种资源的收集、保存和评价。

利用中国农业科学院郑州果树研究所优势产区落叶果树树种资源圃保存的主要落叶果树树种

地方品种资源和实地科学调查收集的数据，建立我国主要落叶果树优良地方品种资源的基本信息数据库，包括地理信息、主要特征数据及图片，特别是要加强图像信息的采集量，以区别于传统的单纯文字描述，对性状描述更加形象、客观和准确。

对我国优势产区落叶果树优良地方品种资源进行一次全面系统梳理和总结，摸清家底。根据前期积累的数据和建立的数据库（http://www.ganguo.net.cn），开发我国主要落叶果树优良地方品种资源的GIS信息管理系统。并将相关数据上传国家农作物种质资源平台（http://www.cgris.net），实现果树地方品种资源信息的网络共享。

工作路线见本书附录三。工作流程见本书附录四。要按规范填写调查表。调查表包括：农家品种摸底调查表、农家品种申报表、农家品种资源野外调查简表、各类树种农家品种调查表、农家品种数据采集电子表、农家品种调查表文字信息采集填写规范。农家品种标本、照片采集按规范填写"农家品种资源标本采集要求"表格和"农家品种资源调查照片采集要求"表格。调查材料提交也须遵照规范。编号采用唯一性流水线号，即：子专题（片区）负责人姓全拼+名拼音首字母+采集者姓名拼音首字母+流水号数字。

本次参加调查收集研究有22个单位，分布在我国西南、华南、华东、华中、华北、西北、东北地区，每个单位除参加过全国性资源考察外，他们都熟悉当地的人文地理、自然资源，都对当地的主要落叶果树资源了解比较多，对我们开展主要落叶果树地方品种调查非常有利，而且可以高效、准确地完成项目任务。其中包括2个农业部直属单位、4个教育部直属大学（含2所985高校）、10个省属研究所和大学，100多名科技人员参加调查，科研基础和实力雄厚，参加单位大多从事地方品种相关的调查、利用和研究工作，对本项目的实施相当熟悉。还有的团队为了获得石榴最原始的地方品种材料，尽管当地有关专业部门说，近期雨季不能到有石榴地方品种的地区调查，路险江深，有生命危险，可他们还是冒着生命危险，勇闯交通困难的西藏东南部三江流域少人区调查，获得了可贵的地方品种资源。

通过5年多的辛勤调查、收集、保存和评价利用工作，在承担单位前期工作的基础上，截至2017年，共收集到核桃、石榴、猕猴桃、枣、柿子、梨、桃、苹果、葡萄、樱桃、李、杏、板栗、山楂等14个树种共1700余份地方品种。并积极将这些地方品种资源应用于新品种选育工作，获得了一批在市场上能叫得响的品种，如利用河南当地的地方品种'小火罐柿'选育的极丰产优质小果型柿品种'中农红灯笼柿'，以其丰产、优质、形似红灯笼、口感极佳的特色，迅速获得消费者的认可，并获得河南省科技厅科技进步一等奖和河南省人民政府科技进步二等奖。

"中国果树地方品种图志"丛书被列为"十三五"国家重点出版物规划项目。成书过程中，在中国农业科学院郑州果树研究所、湖南农业大学等22个单位和中国林业出版社的共同努力和大力支持下，先后于2017年5月在河南郑州、2017年10月25日至11月5日在湖南长沙、11月17~19日在河南郑州召开了丛书组稿会、统稿会和定稿会，对书稿内容进行了充分把关和进一步提升。在上述国家科技部基础性工作专项重点项目启动和执行过程中，还得到了该项目专家组束怀瑞院士（组长）、刘凤之研究员（副组长）、戴洪义教授、于泽源教授、冯建灿教授、滕元文教授、卢春生研究员、刘崇怀研究员、毛永民教授的指导和帮助，在此一并表示感谢！

曹尚银

2017年11月17日于河南郑州

前言

Preface

　　猕猴桃属于猕猴桃科（Actinidiaceae）猕猴桃属（Actinidia）的多年生落叶藤本浆果，我国是猕猴桃的起源和分布中心，种质资源极其丰富，全世界已经查明猕猴桃属植物的分类种群共有75个，包括54个种和21个变种，其中52种原产于我国。猕猴桃是20世纪人工驯化栽培野生果树最有成就的四大果种之一。我国猕猴桃主产地主要分布在我国华中、华东及长江流域一带。生产上经济利用价值较高的是中华猕猴桃（*Actinidia chinensis* Planch）、美味猕猴桃（*Actinidia deliciosa* C.F.Liang et A.R.Ferguson）、毛花猕猴桃（*Actinidia eriantha* Benth）和软枣猕猴桃（*Actinidia arguta* Planch）等4大种类。

　　随着人们生活水平的不断提高，人们对于果实品质的需求越来越高，市场对猕猴桃果品的要求逐渐向高品质、多样化、特异性方向发展，不仅要求果品营养价值高、口感好，而且要求果实果型美观、色泽鲜艳。果实品质是果树栽培与育种的中心目标，只有品质优良、特色突出，才能提升果品在市场上的竞争力。我国是世界猕猴桃栽培大国，其栽培面积与总产量均居世界之首，然而，我国猕猴桃产业与世界发达地区猕猴桃产业之间还存在一定差距，主要表现在平均单产较低、果实品质参差不齐、整体商业化水平较低、综合商品性状不高。现有主栽品种品质退化较严重，在某些性状上缺乏特色，不能适应未来果品竞争的需要。

　　当前栽培的大多数品种均来自野生选种和地方品种，其对我国猕猴桃产业的迅猛发展起到了有力的推动作用。在长期的生态适应过程中，猕猴桃在我国各地迥异的地理气候条件下形成了不同类型的猕猴桃特异资源，包括红肉型、特异香型、剥皮型、超高维生素C型、雌雄同株型、多抗型、耐贮型等，因此加强地方品种资源的收集、评价与保育显得十分重要，对其进行研究利用与创特色新品种具有深远意义。当前，国内外大多数猕猴桃栽培品种均来源于自然野生群体及实生选种，自1978年以来，我国已经选育出中华猕猴桃、美味猕猴桃、软枣猕猴桃和毛花猕猴桃的优良雌性品种（系）及优良单株1400余份，其中有100多个已被审定，部分品种已被广泛应用于生产，如'徐香''翠香''金艳''红阳''魁蜜''金魁''米良1号'等，为我国猕猴桃产业发展做出了重要贡献。

　　地方品种（农家品种）是指在特定地区经过长期栽培和自然选择而形成的品种，对所在地区的气候和生产条件一般具有较强的适应性，并包括含有丰富的基因型，具有丰富的遗传多样性，常存在特殊优异的性状基因，是果树品种改良的重要基础和优良基因来源。由于社会历史的原因，我国果树生产大都以农户生产方式存在，果园面积小，经济效益低。这种农户型的生产方式存在着种种弊端，但同时也为自然突变所产生的优良品种提供了可以生存的空间。农户对自家所产生的品种比较熟悉，通过自然实生、芽变或自然变异所产生的优良性状的果树品种能够被保留下来，在不经意间被选育出来，称为地方品种。但由于这种方式所产生的品种没有经过任何形式的鉴定评价，每个品种的数量稀少，很容易随着时间的流逝而灭绝。

《中国猕猴桃地方品种图志》是首次对中国猕猴桃地方品种进行了比较全面、系统调查研究的阶段性总结，为研究猕猴桃的起源、演化、分类及猕猴桃的开发利用提供了较完整的材料，将对促进我国猕猴桃产业发展和科学研究产生重要作用。作为猕猴桃地方品种，其内容重点放在猕猴桃种质资源的地理分布、特征特性和品种资源描述，包括资源调查地点、生境信息、植物学信息和品种评价。本书增加了提供人及其联系方式、地理信息等，并通过先进的笔记本电脑和高性能的数码相机进行考察，把品种图像较为准确和形象地记录下来；并通过携带精确定位的GPS定位导航设备和GIS软件系统可以对每个地方品种的生境和其代表株进行精确定位和信息采集，以达到品种的可追踪性。调查编号根据片区负责人姓全拼+名缩写+采集者姓名的首字母+3位数字编号的形式，便于辨识和后期品种追踪调查，每个品种都有一个品种俗称，若有相同的名字，加调查地点的名字加以区分，相同地方的加数字予以区分，多个品种可以按照数字依次编写。本书图像大部分在种质原产地采集，包括大生境、小生境、单株、花、果、叶、枝条等信息，力求还原种质的本来面貌。总体工作思路如下：①在猕猴桃生长季节，每年进行3～4次野外调查；②将全国分为东部、南部、北部、中部4个片区，每个片区配备一个调查组，分3个小组进行调查；③各调查组查阅有关资料、走访当地有关部门，确定调查的县、乡、村、农户，进行调查；④组建专家组对各片区提出的疑难地区进行针对性调查。

本书是由来自中国农业科学院郑州果树研究所、江西农业大学、山东省果树研究所、中国农业大学、南京农业大学、湖南农业大学等单位的100多位专家合作撰写而成的。本书主体包括总论和各论部分，各论共收集133份猕猴桃地方品种资源，文字20余万字，选录700多张彩色图像，其中东部片区的图片由徐小彪、钟敏、黄春辉、陶俊杰、朱博、朱壹、廖光联、陈璐等提供，中部片区的图片由方金豹、齐秀娟等提供，南部片区由罗昌国、李贤良提供，北部片区由刘佳棽提供。希望本书的出版能为猕猴桃地方品种的利用及地理分布研究提供较为全面、完整的资料，促进猕猴桃地方品种科研与生产的发展。

本书在收集整理猕猴桃地方品种资源过程中，得到了国家科技基础性工作专项（2012FY110100）、国家自然科学基金（31360472，31760559）、江西省重大科技专项（20143ACF60015，20161ACF60007）、江西省现代农业产业技术体系建设专项（JXARS-05）的大力资助。在此一并表示深深的谢意。限于著者水平和掌握资料，本书有遗漏和不足之处敬请读者及专家给予指正，以便日后补充修订。

著者

2017年10月

目录

Contents

总论

中国猕猴桃地方品种图志

第一节
地方品种调查与收集的重要性

猕猴桃（Kiwifruit）为猕猴桃科（Actinidiaceae）猕猴桃属（*Actinidia* Lindl.）的多年生落叶藤本果树，是20世纪人工驯化栽培野生果树最有成就的四大果种之一。我国的猕猴桃资源极为丰富，目前全世界猕猴桃共有75个分类群，包括54个种和21个变种（黄宏文，2013）。由于猕猴桃遗传多样性丰富（图1），果实风味独特，营养丰富，维生素C含量高，适于鲜食与加工，还具有防癌及治疗高血压、冠心病等医疗特效而引起广泛重视（孙兢喆，2014），

被国际上誉称为"果中之王""营养密度之首"，具有极高的经济价值与药用价值（徐小彪，2004）。据联合国粮农组织（FAO）统计，目前世界猕猴桃栽培面积为24.5万hm²，其中中国为14.5万hm²。世界猕猴桃总产量为310万t，其中中国为180万t。世界猕猴桃生产国依产量排序依次为中国、意大利、新西兰、智利、希腊、伊朗、法国、日本、美国、西班牙，这十大猕猴桃主产国占世界总产量的97.8%。

种质资源（Germplasm resources）是指培育新

图1 猕猴桃种质资源多样性（来源于新西兰皇家园艺研究院，徐小彪 供图）

品种所用的原始材料，包括栽培品种、半栽培品种、野生类型及人工创造的新类型。猕猴桃种质资源作为一种可再生资源，是世界上最重要的自然资源之一，不仅直接或间接地为人类提供食物原料、营养物质和药物，尤为重要的是，种质资源是遗传育种和生物技术研究以及系统进化与分类研究的重要物质基础，是生物多样性的重要组成部分，是人类实现可持续发展的战略资源。因此，各国都积极地进行收集、鉴定和保存工作。例如，国际植物遗传资源研究所（IPGRI）、美国国家植物遗传资源中心（PGRB）、日本国立遗传资源中心等都是各国收集、保存和研究种质资源的专门部门。早在1849年猕猴桃就被引种到国外，最早引种的国家是新西兰、英国、美国，现猕猴桃已被广泛引种到欧洲、美洲和大洋洲的多个国家。

我国是猕猴桃的原产地，由于我国绝大多猕猴桃种都处于野生状态，这加大了猕猴桃的种质资源收集工作的难度，直到1978年农业部召开第一次全国猕猴桃科研、生产协作会，并在全国范围大面积地进行猕猴桃资源调查，才开始了我国猕猴桃的研究和利用。中国农业科学院郑州果树研究所牵头成立全国猕猴桃资源调查组，组织各省（自治区、直辖市）有关研究单位开展了全国猕猴桃资源大普查。这次普查基本摸清了我国分布在云南、西藏等27个省（自治区、直辖市）的猕猴桃属植物资源，并主编出版了《中国猕猴桃》专著。该书至今仍被认为是世界上的权威性猕猴桃专著，并在"十五"期间出版了英文版，为我国乃至世界猕猴桃资源的研究和产业的持续发展奠定了基础。

中国作为世界猕猴桃资源的原产地，为猕猴桃产业的发展和持续进步作出了卓越的贡献。目前世界主栽培品种'海沃德'就源于1904年新西兰从湖北宜昌的引种（图2、图3），其他如新西兰新推出'Tomua''早金'（'Hort16A'），意大利新选育出的雄性品种'Autar''海沃德'芽变新品种'最佳明星'（'Top star'），日本推出的'细道''攒绿''小林39'等品种（孙桂春，2001），都是直接或间接利用中国猕猴桃资源选育而成。美国加利福尼亚州戴维斯种质库中就收集了284份猕猴桃种质（任国慧等，2013）。

中国科学院武汉植物园在国内建立了世界上保存猕猴桃种质资源最为丰富的种质资源库（图4），

其中包括55个种（变种）、155个品种（系）和6个猕猴桃濒危物种（金花猕猴桃、大花猕猴桃、绿果猕猴桃、中越猕猴桃、贡山猕猴桃、河南猕猴桃），杂交后代近万株（姜正旺等，2004）；在我国西南地区的中国科学院广西植物所也收集保存了51个种（变种）的800余份资源；湖北省农业科学院果树茶叶研究所建立了猕猴桃种质资源圃，收集保存了猕

图2 新西兰梯普基'海沃德'猕猴桃（1950年建园）（徐小彪 供图）

图3 67年生'海沃德'猕猴桃结果状（徐小彪 供图）

图4 中国科学院武汉植物园猕猴桃种质资源圃（徐小彪 供图）

图5 江西省奉新猕猴桃种质资源圃（徐小彪 供图）

猴桃种（变种或变型）50余个，近800份资源，其中雄性品系103份；江西省奉新猕猴桃种质资源圃（图5）收集猕猴桃特异种质108份，其中雄性品系40份；广东省收集适合当地生长栽培的猕猴桃种质50份（吴洁芳，2011）；吉林省农业科学院收集猕猴桃种质18份。此外，云南等多地的园艺研究机构都在收集和保存猕猴桃资源，以促进资源的保护和进一步创新利用。

种质资源圃的建立能更加科学地保存与评价果树种质资源，还能使这些资源得到更加方便与有效的利用。通过对猕猴桃种质的保存，利用收集的资源进一步开展杂交育种和实生选种，中国科学院武汉植物研究所获得了具有不同成熟期、果肉颜色及风味的猕猴桃优系14个，包括风味和品质俱佳、果实耐贮的红肉猕猴桃新品系2个，果肉黄色或黄绿色新品系7个，高维生素C品种1个、绿肉新品系4个，选育的'金艳'新品种被誉为国际猕猴桃产业第二代黄肉新品种的三大核心品种之一（钟彩虹等，2017）（图6、图7）。江西地区培育出赣猕系列优株（图8~图14）。近30年来，全国各地从中华猕猴桃、美味猕猴桃、毛花猕猴桃和软枣猕猴桃等多种野生资源中选出1400多个单株，从中筛选出200多个优良雌性株系和24个雄性株系，培育出100多个优良品种（系）（陈启亮等，2009）。

图6 '金艳'猕猴桃结果状（徐小彪 供图）

图7 '金艳'猕猴桃果实横截面与纵截面（徐小彪 供图）

图8 赣猕系列'早鲜'（徐小彪 供图）

图9 赣猕系列'魁蜜'（徐小彪 供图）

图10 赣猕系列'庐山香'（徐小彪 供图）

图11 赣猕系列'金丰'（徐小彪 供图）

图12 赣猕系列'赣猕5号'（徐小彪 供图）

图13 赣猕系列'赣猕6号'（徐小彪 供图）

　　地方品种（农家品种）是指那些没有经过现代育种手段改进的，在局部地区内栽培的品种还包括那些过时的和零星分布的品种。其在特定地区经过长期栽培和自然选择而形成的品种，对所在地区的气候和生产条件一般具有较强的适应性，并包含有丰富的基因型，具有丰富的遗传多样性，常携带特殊优异的性状基因，是果树品种改良的重要基础和优良基因的来源。这类种质资源往往由于优良新品种的大面积推广而被逐步淘汰，它们虽然在某些方面不符合市场的需求，或者适应性不够广泛，但往往

图14 赣猕系列'赣红'（徐小彪 供图）

具有某些罕见的特性，如适应特定的地方生态环境，特别是抗某些病虫害，或适合当地特殊的习惯要求以及具备一些在目前看来还不特别重要的某些潜在有利性状。因此在种质资源收集时，需要特别加以重视。发达国家已经将其原产果树树种的地方品种进行了详细的调查和搜集。以往我国对种质资源中的栽培品种较为重视，而对地方品种和野生种质资源注意较少，已建立的国家果树种质资源圃所保存的果树种质资源主要是栽培品种，野生种所占比例极少（方嘉禾，2006）。由于自然资源的不合理利用和生态环境的恶化，越来越多的猕猴桃物种陷于濒危甚至灭绝的境地。目前，受威胁的猕猴桃种类有20多个，如星花猕猴桃、金花猕猴桃、大花猕猴桃、桂林猕猴桃、河南猕猴桃、贡山猕猴桃、栓叶猕猴桃、广西猕猴桃、楔叶猕猴桃、钝叶猕猴桃、纤小猕猴桃、丝毛猕猴桃、绿果猕猴桃、中越猕猴桃、巴东猕猴、扇叶猕猴桃等（陈启亮等，2009）。充分认识中国猕猴桃资源现存的问题，采取保护措施，将利于中国猕猴桃资源的可持续利用。

随着时代的发展和科研、育种工作的深入，种质资源调查的要求也发生了很大的变化。育种家们逐渐认识到现有栽培品种的遗传育种体系相对封闭，遗传多样性受制于其祖先亲本，遗传背景极为狭窄，育种性状提高的空间越来越小，目前世界猕猴桃主栽品种过于单一，主要为'海沃德'（图15）'早金果'（图16、图17）和'阳光金果'（图18、图19），狭小的遗传基础及遗传均质性将会导致猕猴桃产业的脆弱性和危险性，亟须引入新的优异基因资源。地方品种因为积累了丰富的优良变异，且本身综合性状较好，逐渐成为新形势下育种家们迫切需要了解的资源。因此，为了保护和收集这些长期累积下来的优良地方品种果树资源，进行系统的调查迫在眉睫。

图15 '海沃德'猕猴桃结果状（徐小彪 供图）

图16 '早金'猕猴桃结果状（徐小彪 供图）

图17 '早金'猕猴桃果实（徐小彪 供图）

图18 '阳光金果'猕猴桃结果状（徐小彪 供图）

图19 '阳光金果'猕猴桃果园（徐小彪 供图）

第二节
猕猴桃地方品种调查与收集的思路和方法

　　随着物种保护意识的提升和基因研究的深入，有关植物种质资源的研究也越来越为各科技大国所重视。根据果树种质资源野外调查的一般方法和手段，我们制定了一套符合猕猴桃地方品种调查和收集的技术路线，以期在最短时间内最大程度地收集所有有效的信息。由于以前科技水平和人、财、物

和交通等条件的限制，资源考察工作的效果势必受到影响。在科技快速发展的今天，我们将电脑、相机、GPS导航设备等电子产品运用于野外资源考察。我们使用相机留下很多清晰度高、有利用价值的图像资料，利用GPS导航设备记录当地的地理位置，并对一些有关资源地域的分布进行文字描述，即使后期地

图20~图25　猕猴桃野生资源调查与采样图片（徐小彪　供图）

理环境发生了变化，我们也能够根据记录的地理信息对该地区的资源进行回访调查。我国猕猴桃地方品种资源分布广泛，需要了解和掌握的信息较多，因此我们制定了如下工作流程，确保野外调查工作更加高效（图20～图25）。

一 调查我国猕猴桃优势产区地方品种的地域分布、产业和生存现状

首先通过收集网络信息、查阅大量的文献以及各类图志书籍等文字资料，同时走访当地农户及咨询果业从业人员获取地方猕猴桃品种资源的信息，从而掌握我国主要猕猴桃优势产区的地域分布，确定今后科学调查的区域和范围，做好前期的准备工作。走访主要猕猴桃种植地区以及去野外实地考察，取得了丰富的第一手资料和阶段性的研究成果。科学调查主要猕猴桃的优势产区的分布、历史演变、栽培面积、地方品种的种类和数量、产业利用状况和生存现状等情况，最终形成一套系统的相关科学调查分析报告。

二 初步调查和评价我国猕猴桃地方品种资源的原生境、植物学、生态适应性等重要生物学性状

调查过程中，对我国猕猴桃地方品种资源分布区域进行原生境实地调查记录和GPS定位等，评价原生境生存现状，调查相关植物学性状、生态适应性、抗逆性、栽培性能和果实品质等主要农艺性状（文字、特征数据和图片），对猕猴桃优良地方品种资源进行初步评价、收集和保存（图26、图27）。这些工作意义重大而艰巨，最后可以形成高质量的猕猴桃地方品种图谱、全国分布图和GIS资源分布及保护信息管理

图26 猕猴桃生境图（徐小彪 供图）

图27 猕猴桃生境图（徐小彪 供图）

系统，建立猕猴桃种质资源圃，丰富猕猴桃的种质资源库，同时也增加了猕猴桃物种遗传的多样性。

三　采集和制作猕猴桃地方品种的图片、图表、标本资料

由于以前交通设施的限制以及科学技术的不发达，猕猴桃资源调查工作受到限制，许多交通不便的偏僻地方考察组无法到达，无法详细考察。目前公路、铁路和航空交通等都得到了很大的改善，给考察工作创造了很好的条件，使考察组可以深入发现、收集、保存并利用更多的地方种资源，如江西农业大学猕猴桃研究团队每年多次前往江西省抚州市麻姑山、萍乡市武功山、上饶市五府山、德兴市大茅山、吉安市井冈山、宜春市官山和九岭山、九江市庐山以及宜春市奉新县、宜丰县，九江市武宁县、修水县，赣州市寻乌县、安远县、信丰县等地开展野生猕猴桃特异种质资源的调查与优异种质筛选（图28～图31），目的是为了寻找、搜集并合理开发利用地方特色资源，同时为选育优良猕猴桃品种提供原始材料，也为了解猕猴桃的起源和演化提供依据。我们每次进行调查时，对叶、枝、花、果等植物学性状进行不同物候期调查，记载其生境信息、植物学信息、花信息与果实信息等，并对其果实品质进行综合鉴定与评价，按猕猴桃种质资源调查表格进行记载，并浸泡猕猴桃果实标本以及制作猕猴桃叶片、枝条等标本（图32、图33）。

图28 猕猴桃野外调查图（徐小彪 供图）

图29 江西省井冈山农家猕猴桃调查图（徐小彪 供图）

图30 江西省宜黄县野生猕猴桃（徐小彪 供图）

图31 江西省武宁县农家猕猴桃调查 （徐小彪 供图）

图32 猕猴桃果实标本图（黄春辉 供图）

图33 猕猴桃实物标本（黄春辉 供图）

（四）猕猴桃地方品种的资源保存与利用，为育种工作奠定基础

我们十分重视对猕猴桃主要生态区具有丰产、优质、高维生素C、易剥皮、抗逆性、耐贮藏等特异性状资源的收集保存，对濒危灭绝地方品种资源进行收集保存以及猕猴桃地方品种优良变异株系的收集保存，并在江西奉新地区建立省级猕猴桃种质资源圃，用于集中收集、保存和评价特异猕猴桃地方品种资源（图34～图43），以确保收集到的果树地方品种资源得到有效保护。对收集到资源圃的猕猴桃地方品种进行初步观察和评估，并利用相关仪器进行鉴定分析与评价。我们在猕猴桃地方品种的调查过程中发现，我国猕猴桃种质资源储量异常丰富，广泛分布于我国广袤的山区，农家猕猴桃主要受到砍伐的影响，尤其在交通不利的山区，要准确引导当地人们对地方种质资源合理保护的意识，不至于乱砍滥伐。随着我们生存环境的日益变化，猕猴桃地方品种的生存状况自然也会相应发生变化。实际上随着经济的发展，猕猴桃果树产业向着良种化、商品化方向发展；猕猴桃地方品种的生存空间和优势地位正加速丧失，导致猕猴桃地方品种因为各种原因急速消失，濒临灭绝，许多猕猴桃地方品种现在已经无法寻见。通过此项工作，一方面能够了解我国猕猴桃农家果树生产现状，解决其生产的各种问题，另一方面也为收集和保存大量自然产生的猕猴桃品种资源，丰富我国猕猴桃种质资源库，为选育优良猕猴桃品种提供更多优异原始材料。对我国优势产区猕猴桃地方品种资源进行调查和收集，可以在有限的时间和资源配置下，快速有效地了解和收集到丰富的猕猴桃资源。

图34 江西省毛花猕猴桃种质资源圃（钟敏 供图）

图35 猕猴桃雄花开花状
（徐小彪 供图）

图36 猕猴桃雌花开花状（徐小彪 供图）

图37 中华猕猴桃雌花（徐小彪 供图）

图38 毛花猕猴桃雄花（钟敏 供图）

图39 毛花猕猴桃雄花开花状（钟敏 供图）

图40 野生毛花猕猴桃优系结果状
（黄春辉 供图）

图41 野生中华猕猴桃优系结果状
（徐小彪 供图）

图42 野生中华猕猴桃优系结果状
（徐小彪 供图）

图43 野生中华猕猴桃优系结果状
（徐小彪 供图）

第三节
我国猕猴桃地方品种的起源与区域分布

一 我国猕猴桃地方品种的起源

　　猕猴桃是一种古老的植物，中国是世界猕猴桃的起源中心。中国科学院南京地质古生物研究所郭双兴于1977年在广西壮族自治区田东县考察时发现几块叶片化石，经查对植物腊叶标本，并经广西植物研究所植物分类学家梁畴芬鉴定及对化石地质年代的分析，认为该化石是猕猴桃叶片化石，属于中新世早期的化石，距今约2600万年（崔致学，1993）。

　　猕猴桃在中国的文字记载已有2000余年的历史，引种作庭院绿化树种至少有1000余年的历史。在早期的中国古典文献如《诗经》《山海经》中，都有对猕猴桃的诸多记载和描述。但猕猴桃作为果树栽培的历史很短。唐代诗人岑参（约715—770）就有诗句云"中庭井栏上，一架猕猴桃"，可见在当时就已把猕猴桃作为庭院绿化的树种。唐代以后，在历代编撰的《本草》中，都提及有关猕猴桃的药用、食用、工业用途以及形态特征等。陈藏器（唐代）在《本草拾遗》中记载有："猕猴桃味咸温无毒，可供药用，主治骨节风、瘫痪不遂、长年白发、痔病等等，皮可造纸。"李时珍（明代）在《本草纲目》中记载有："猕猴桃其形如梨，其色如桃，而猕猴喜食，故有诸名。闽人呼为阳桃。猕猴桃果实酸、甘、寒、无毒。止暴渴，解烦热，压丹石，下石淋。"长期以来，猕猴桃一直处于野生状态，民间主要采集果实鲜食、酿酒、叶片作饲料、枝条浸液作造纸的调浆剂等。

　　我国从1980年猕猴桃资源普查才开始广泛关注猕猴桃生产情况，从那以后开始了对猕猴桃的人工驯化和优良新品种的选育。历史记载及近代果树学史中也只有对猕猴桃的零星地方采集的记载，并没有对其进行人工驯化、引种和栽培。猕猴桃作为商品水果和人工栽培只是近100余年的历史。从1904年新西兰从中国湖北宜昌引种猕猴桃驯化栽培，到1924年新西兰选育出新品种'海沃德'，直到新西兰开始大规模的商业

图44 新西兰猕猴桃立柱拉线栽培（徐小彪 供图）

图45 新西兰'Hort16A'猕猴桃结果状（徐小彪 供图）

图46 新西兰猕猴桃防护林（徐小彪 供图） 图47 新西兰猕猴桃采摘（徐小彪 供图）

图48 新西兰猕猴桃分级包装（徐小彪 供图） 图49 猕猴桃园行间种草（徐小彪 供图）

图50 猕猴桃园割草（徐小彪 供图） 图51 新西兰猕猴桃学术交流 （徐小彪 供图）

化栽培猕猴桃的不断发展，再到现在，短短经过近百年，迄今已形成栽培面积约10hm²，总产量100万t的国际化产业（黄宏文，2000），世界猕猴桃产业也已逐渐成熟，产业体系也逐渐完善（图44～图51）。

　　猕猴桃属是一个自然的分类群，为中等属。1836年，英国植物分类学家John Lindley根据Wallich 1821年在尼泊尔采集的一份标本——硬齿猕猴桃时建立了猕猴桃属。该属的拉丁名来源于希腊字aktis，即一条射线之意，表明猕猴桃属植物的花柱是呈放射状排列的。1911年S.T.Dunn首次对猕猴桃属植物进行了系统的分类学研究，认为该属有24个种；1952年H.L.Li修订为36个种（崔致学，1993）。梁畴芬（1984）对中国猕猴桃属植物进行了分类学订正，承认该属有51种36个变种和6个变型，分别隶属于4组4系的分类群。

　　近20余年来，研究人员又陆续发表了一些猕猴桃新种（林太宏等，1991；孙华美等，1994；黄仁惶等，1995；蒋华曾等，1995）。梁畴芬（1983）根据枝条髓部的形态和叶片背面毛背特征将中国猕猴桃属划分为净果组（Sect. Leiocarpae Dunn.）（如：软枣猕猴桃、黑蕊猕猴桃、葛枣猕猴桃、大籽猕猴桃、狗枣猕猴桃、对萼猕猴桃、梅叶猕猴桃）、斑果组（Sect. Maculatae Dunn.）（如：金花猕猴桃、山梨猕猴桃、中越猕猴桃、革叶猕猴桃、异色猕猴桃、清风藤猕猴桃、京梨猕猴桃）、糙毛组（Sect. Strigosae Li.）（如：美丽猕猴桃、长叶猕猴桃）和星毛组（Sect. Stellatae Li.）（如：美味猕猴桃、中华猕猴桃、毛花猕猴桃、阔叶猕猴桃、安息香猕猴桃）（图52～图58）。净果组与猕猴桃属其他组最显著的区别特征是：果实表面无毛，无斑点。而糙毛组与星毛组的区别特征是：前者叶表面具硬毛、糙毛或刺毛，后者具柔毛、茸毛，且叶背具星状毛。李建强等（2000）运用分支分类的方法对猕猴桃属进行了系统发育的分析，以探讨猕猴桃属的分类系统中存在着组间界限不清、近缘中之间很难区分的问题，以重建猕猴桃属系统发育的分类系统。结果认为猕猴桃属分为两大类群，即净果群和斑果群，并给予这两群植物亚属一级分类地位，其中净果亚属（Subgenus Leiocarpae J. Q. Li. stat. nov.）仅包括净果组，而斑果亚属（Subgenus Maculatae J. Q. Li, stat. nov.）则包括了斑果组、糙毛组和星毛组全部分类群。

图52 软枣猕猴桃（徐小彪 供图）

图53 大籽猕猴桃（徐小彪 供图）

图54 对萼猕猴桃（廖光联 供图）

图55 革叶猕猴桃（黄春辉 供图）

图56 京梨猕猴桃（朱博 供图）

图57 长叶猕猴桃（徐小彪 供图）

图58 阔叶猕猴桃（徐小彪 供图）

猕猴桃在我国俗称为"阳桃""羊桃""藤梨"及"猕猴梨"等，在英、美等国称为"中国鹅莓"（Chinese gooseberry），在日本称为"中国猴梨"，在新西兰则称为"基维果"（Kiwifruit）。它是一种浆果类落叶藤本果树。目前，全世界猕猴桃属植物共有75个种或变种（黄宏文，2013），除尼泊尔猕猴桃（*A. strigosa* Hook.& Thoms.）、越南沙巴猕猴桃（*A. petelotii* Diels）和日本山梨猕猴桃（*A. rufa* Planch ex Miq.）及白背叶猕猴桃（*A. hypoleuca* Nakai）4种外，绝大部分为中国所特有，故亦称为半特有属。

1. 美味猕猴桃（*A. deliciosa* C.F.Liang et A.R. Ferguson）

原中华猕猴桃硬毛变种，本种是猕猴桃属中最主要的经济栽培可直接利用的种，国内外著名的栽培品种'海沃德''秦美'等均属本种。该种小枝、叶柄、叶背具有黄褐色或红褐色硬毛；芽基大而突出，芽体大部分隐藏，只有很少部分露出，芽鳞被毛；聚伞花序，花朵较大，果面被长硬毛，果型多变；花期5月上中旬，果实成熟期10～11月。其为6倍体，染色体数目为174条（2n=174，6x）。

主要分布区为陕西、甘肃、河南、湖北、湖南、四川、云南、贵州、广西等地。

（1）秦美 陕西省周至县猕猴桃试验站等单位选育而成。果实近椭圆形，平均单果重106.5g，最大果重204g，可溶性固形物含量10.2%～17%，维生素C含量 190～354.6mg/100g。果实10月下旬至11上旬成熟，果实耐贮藏，室温下（11～13℃）可存放38天（图59）。

（2）金魁 湖北省农业科学院果茶所实生选

图59 '秦美'猕猴桃（徐小彪 供图）

育而成。果实圆柱形，平均单果重103g，最大果重203g，可溶性固形物含量20%～25%，维生素C含量100～242mg/100g。果实10月下旬至11月上旬成熟，果实风味浓郁，品质极佳，耐贮藏，室温下（10.2～19.5℃）可贮存52天（图60、图61）。

（3）米良1号　湖南省吉首大学生物系等单位选育而成。果实长圆柱形，平均单果重91g，最大果重162g，可溶性固形物含量17%，维生素C含量188.6mg/100g。果实10月上旬成熟，室温下可存放30～50天（图62）。

（4）徐香　江苏省徐州果园实生育种而成。果实圆柱形，平均单果重92.5g，最大果重137g，可溶性固形物含量16.5%，维生素C含量111.2mg/100g。果实10月上中旬成熟，室温下可存放30天（图63）。

（5）华美1号　河南省西峡县林业科学研究所选育而成。果实长圆柱形，平均单果重56g，最大果重100g，可溶性固形物含量11.8%，维生素C含量148mg/100g。果实10月下旬成熟，室温下可贮存近60天。宜做切片罐头。

（6）皖翠　安徽农业大学园艺系等单位育成，为'海沃德'的自然芽变品种，原代号"93-01"。果实圆柱形，果面被短浅褐色茸毛，平均单果重110g，最大单果重200g，大小整齐，外观好。果肉翠绿色，细嫩多汁，香味浓，可溶性固形物含量15.5%～17.5%，维生素C含量65～78mg/100g。果实成熟期10月下旬。

（7）海沃德（Hayward）　又名'巨果'（'Giant'），新西兰选育而成。为新西兰、意大利、智利等国主栽品种。果实宽椭圆形，平均单果重100～110g，果肉绿色，风味佳，香气浓郁。可溶性固形物含量13%左右。维生素C含量105mg/100g。果实成熟期11月上中旬。耐贮藏且货架期长（图64、图65）。'唐木里'（'Tomuri'）为其授粉品种（Ferguson，2004）。

（8）沁香　湖南农业大学园艺系育成，果实

图60 '金魁'猕猴桃（徐小彪 供图）

图61 '金魁'猕猴桃（徐小彪 供图）

图62 '米良1号'猕猴桃（徐小彪 供图）

图63 '徐香'猕猴桃（徐小彪 供图）

图64 '海沃德'猕猴桃（徐小彪 供图）

图65 '海沃德'果园（徐小彪 供图）

图66 中华猕猴桃雄株（涂贵庆 供图）

图67 毛花猕猴桃雄株（钟敏 供图）

整齐度高，近圆形或阔卵圆形，果顶平齐，果形端正美观。果皮褐色，成熟后部分茸毛脱落，果实较大，平均单果重80.3~93.8g，最大单果重158.0g。果肉绿色至翠绿色，果心小，中轴胎座质地柔软，种子少。肉质鲜嫩可口，汁多，味甜而微酸，风味浓，具有浓郁清香，口感好，余味佳。果实10月中下旬成熟。

（9）鄂猕猴桃4号　湖北省农业科学院果树茶叶研究所从湖北兴山猕猴桃资源中选育出的早熟美味猕猴桃品种。果实圆柱形，果面黄褐色，密被茸毛，果肉绿色。平均单果重91g，最大140g。可溶性固形物含量14.0%左右，维生素C含量58.19mg/100g。果实9月中下旬成熟，丰产。

（10）蜜宝1号　河南焦作农业科学研究所从野生猕猴桃实生繁育群体中选育出的新品种。该品种属美味猕猴桃，果实倒梯形，平均单果重53.1g，最大单果质量84.6g，可溶性固形物含量18.1%，维生素C含量138.04mg/100g果肉，总糖含量14.53%。果实品质好，风味浓郁，耐贮藏，常温条件下可贮藏38天。该品种植株生长势强，抗逆性强，耐瘠薄，丰产稳产。

（11）配套雄株（图66、图67）　'帮增1号''马吐阿'（'Matua'）'唐木里'（'Tomuri'）等。

2. 中华猕猴桃（*A. chinensis* Planch）

原中华猕猴桃软毛变种，经济价值利用较高，我国已从该种中选育出许多栽培品种。小枝无毛或被茸毛，毛易脱落；芽基较小，芽体外露，球形；聚伞花序，花初放时白色，后变为淡黄色，果型多变，果面被柔软茸毛，并易脱落。花期4月下旬至5月上旬，果实成熟期9~10月。基本为2倍体，染色体为58条（2n=58，2x）。主要分布区为江西、湖南、湖北、福建、浙江、河南、安徽、陕西等地，常与美味猕猴桃交叉重叠分布，但更偏南，且分布的海拔高度也要低约400m。

（1）魁蜜 江西省农业科学院园艺所等单位选育而成，是鲜食为主的大果型品种。果实扁圆形，平均单果重130.4g，最大单果重183g，可溶性固形物含量15%，维生素C含量125.6mg/100g。果实9月上中旬成熟，室温下可存放12～15天（图68、图69）。

（2）庐山香 江西省庐山植物园等单位选育而成。果实长圆柱形，平均单果重87.5g，最大单果重175g，可溶性固形物含量14.3%，维生素C含量159mg/100g。果实9月中旬成熟，室温下可存放10～12天（图70、图71）。

（3）素香 江西省农业科学院园艺所选育而成。果实长椭圆形，平均单果重110g，最大单果重168g，可溶性固形物含量16.5%，维生素C含量300mg/100g。果实9月上中旬成熟。室温下可存放15～20天。

（4）金阳1号 湖北省农业科学院果茶所选育而成。果实长圆柱形，单果重80～100g，

可溶性固形物含量13%～15%，维生素C含量100～159mg/100g。果实8月下旬至9月上旬成熟。

（5）武植3号 中国科学院武汉植物研究所从高海拔地区自然形成的四倍体中华猕猴桃优良单株后代中选出的品种。生长势强，枝条粗壮。叶片大，深绿色，革质。果实大，平均单果重118g，最大156g。果实近椭圆形或圆柱形，果顶较平，果皮薄，暗绿色，果面茸毛稀少。果肉翠绿色，质细汁多，味浓而具清香，果心小，维生素C含量275～300mg/100g，可溶性固形物含量15.2%，总糖含量1.12%，品质佳，是鲜食和加工兼用品种。果实9月底成熟。

（6）鄂猕猴桃3号 湖北省农业科学院果树茶叶研究所从野生中华猕猴桃资源中选育出来的早熟黄肉无毛新品种。平均单果重85g，最大155g，果实长圆柱形，果面棕绿色，较光滑，果肉金黄色，品质上，可溶性固形物含量15.0%，维生素C含量

图68 '魁蜜'猕猴桃结果状（徐小彪 供图）

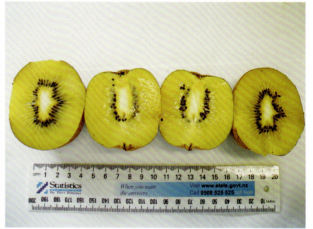

图69 '魁蜜'猕猴桃（徐小彪 供图）

图70 '庐山香'猕猴桃结果状（徐小彪 供图）

图71 '庐山香'猕猴桃（徐小彪 供图）

图72 '红阳'猕猴桃结果状（徐小彪 供图）

图73 '红阳'猕猴桃横截面（徐小彪 供图）

图74 '金桃'猕猴桃（徐小彪 供图）

图75 '翠玉'猕猴桃（涂贵庆 供图）

55.71mg/100g，果实9月上中旬成熟，常温下可贮放15天，冷藏可达50天。

（7）红阳　四川省苍溪县农业局等单位选育而成。果实短圆柱形，平均单果重68.8g，最大果重87g，果肉紫红色，沿果心呈放射状紫红色条纹，可溶性固形物含量16%，维生素C含量250mg/100g。果实9月上旬成熟（图72、图73）。

（8）金桃　中国科学院武汉植物研究所从中华猕猴桃野生优良单株武植6号单系中选育的黄肉猕猴桃品种。果实长圆柱形，果面茸毛稀少，平均单果重82.0g，最大单果重120.0g，果皮黄褐色，果肉金黄色，肉质细嫩、脆，汁液多，有清香味，风味酸甜适中，可溶性固形物含量18.00%~21.50%，维生素C含量121.00~197.00mg/100g。果实9月下旬成熟，极耐贮藏（图74）。

（9）赣猕5号　江西省瑞昌市农业科学研究所选出。果实甜酸适口，香味浓郁。总糖含量为11.59%（以葡萄糖计），可溶性固形物含量17.16%，维生素C含量83.9mg/100g，总酸含量1.5%（以苹果酸计）。果实10月上旬成熟，耐贮藏，货架期长，鲜食与加工俱佳。丰产性能好，平均单果重85g，最大单果重212g。该品种株型紧凑、节间短缩、冠幅小，是矮化无架密植栽培的良好种质，也是猕猴桃矮化及观赏育种的良好亲本材料。

（10）翠玉　湖南省园艺研究所从野生资源中选育。果大质优，平均单果重90g，最大果重129g，果实圆锥形，果喙突起，果皮绿褐色，光滑无毛，果肉翠绿色，肉质致密，汁液多，味浓甜，可溶性固形物含量14.5%~17.3%，最高可达19.5%，维生素C含量73~143mg/100g（图75）。

（11）Hort16A　又名'早金'（'Early Gold'），新西兰选育而成。果面褐色茸毛，易脱落，果实卵圆形，果肉金黄色，质地细嫩，味甜具浓郁芳香，可溶性固形物含量16%~18%，单果重100~120g。

果实11月中旬成熟。耐贮藏，冷藏条件下可贮存4个月。其配套授粉雄株是配套授粉雄株是'Meteor'和'Sparkler'。该品种是第一个在中国以外从中华猕猴桃中选育出来被广泛种植与出口的品种（图76、图77）。

（12）配套雄株 '磨山4号''奉雄1号'（图79、图80）。

3. 软枣猕猴桃（*A. arguta* Planch）

又名软枣子、宝贝猕猴桃（Babykiwi）。该种枝条无毛或幼时被毛，灰褐色。聚伞花序，绿白色（图81）或黄绿色。果实圆球形至柱状长圆形，有喙或喙不明显，果皮光滑无毛，无斑点，不具宿存萼片。单果重10g左右，可鲜食或加工。本种的抗寒性极强，在低温下仍能正常生长发育，且抗虫、抗病性强，一般用作抗寒砧木和抗性育种亲本材料。该种6月开花，果实成熟期9月。一般为4倍体，染色体116条（2n=116，4x）。主要分布区为辽宁、黑龙江、吉林、山东、山西、陕西、河南、河北、安徽、浙江、江西、湖北、福建等地。

（1）魁绿 中国农业科学院特产研究所等单位选育而成。果实扁卵圆形，平均单果重18.1g，最大果重为32g，可溶性固形物含量15%，维生素C含量430mg/100g。果实9月初成熟。该品种抗寒性极强，在绝对低温-38℃的地区栽培无冻害。适于加工果酱及鲜食。

（2）丰绿 中国农业科学院特产研究所等单位选育而成。果实圆形，平均单果重8.5g，可溶性固

图76 'Hort16A'结果状（徐小彪 供图）

图77 'Hort16A'棚架栽培（徐小彪 供图）

图78 猕猴桃花粉采集（陈璐 供图）

图79 '磨山4号'猕猴桃雄花（钟敏 供图）

图80 '奉雄1号'猕猴桃雄花（钟敏 供图）

图81 软枣猕猴桃雌花（黄春辉 供图）

图82 '赣猕6号'结果图 （徐小彪 供图）

图83 '赣猕6号'雌花（钟敏 供图）

图84 '赣猕6号'果实及横截面（徐小彪 供图）

形物含量16%，维生素C含量254.6mg/100g。果实9月上旬成熟。适于加工果酱。

4.毛花猕猴桃（*A.eriantha* Benth）

又名毛冬瓜，果实仅次于美味和中华猕猴桃。该种枝条灰色，幼时密被白色茸毛。叶片纸质，叶背密被白色星状茸毛。聚伞花序，花瓣粉红色。果多为柱形，果面密被不脱落的乳白色茸毛，宿存萼片反折。果实维生素C含量很高，达568.9～1137mg/100g，可鲜食和加工。花期5月上旬至6月上旬，果实成熟期11月。本种耐湿、耐热性很强，亦可作砧木。主要分布区为福建、广西、江西、贵州、云南、浙江、湖南等地。

（1）赣猕6号 江西农业大学猕猴桃研究所选育而成。果实长圆柱形，果面密被白色短茸毛。果实中大型，平均单果重72.5g，最大单果质量96g。果肉墨绿色，可溶性固形物含量13.6%，可滴定酸含量0.87%，干物质含量为17.3%。维生素C含量723mg/100g。果实成熟期为10月下旬。果实后熟达食用状态时易剥皮，肉质细嫩清香，风味酸甜适度（徐小彪等，2015）（图82～图84）。

（2）安章毛花2号 福建省顺昌经济作物推广站选育而成。果实长圆柱形，平均单果重48.7g，最大单果重72g。果皮茸毛在8月中旬开始脱落，为脱毛

系品种。

（3）华特 浙江省农业科学院园艺研究所从野生毛花猕猴桃中选育而成。植株生长势强。一年生枝灰白色，表面密集灰白色茸毛，老枝和结果母枝褐色，皮孔不明显，淡黄褐色。成熟叶椭圆形，叶脉明显。聚伞花序，每花序3～7朵花，花瓣淡红色，5～8片。果实大，单果质量82～94g，是野生种的2～4倍，最大132.2g。果实长圆柱形，果皮绿褐色，密集灰白色长茸毛。果肉绿色，髓射线明显，肉质细腻，略酸，品质上等。可溶性固形物含量14.7%，可滴定酸含量1.24%。维生素C含量

图85 '华特'猕猴桃结果状(黄春辉 供图)

628.37mg/100g，可溶性糖9.00%。结果能力强，徒长枝和老枝均可结果。果实常温下可贮藏3个月（谢鸣等，2008）（图85）。

猕猴桃形态优美，叶大平展，叶形独特，开花量多，花色各异，且气味芬芳，香气浓郁。挂果后果实累累，果形奇特，可栽植于庭院、长廊或绿地，极具观赏价值，是庭院绿化、美化、香化的优良树种。猕猴桃生长快，结果早，早期产量高，是速生丰产高效树种。在常规管理下，一般可达到"一年栽植、二年见果、三年投产、四年丰收"的栽培目的，因此，猕猴桃被广泛栽培。

二 我国猕猴桃地方品种分布

猕猴桃属植物自然分布非常广泛，以中国为中心的自然分布，自热带赤道0°至温带北纬50°均有分布，其自然分布区纵跨了泛北极和古热带植物区。我国境内除青海、新疆、内蒙古外，全国其他各地均有猕猴桃的分布（北纬18°~34°）。中国作为猕猴桃的起源中心，有着极其丰富的地方猕猴桃品种，广泛分布于我国广袤的山区，根据生物地理学意义上的分布格局，目前我国猕猴桃自然地域分布从南至北主要划分为西南地区、华南地区、华中地区、华东地区、华北地区和东北地区等6个地理区域，其集中分布区在中国的秦岭以南和横断山脉以东的地带（北纬25°~30°），以及中国南部温暖、湿润的山地林中（黄宏文，2013）。

生产上利用价值较高的主要是美味猕猴桃、中华猕猴桃、毛花猕猴桃和软枣猕猴桃，其他均处于地方或半地方状态。通过对江西猕猴桃属植物的调查和研究，确认江西地方猕猴桃植物有20个种11个变种或变型，分属于4个组（表1）。

1. 江西省猕猴桃地方品种分布区

根据江西地形地貌特点，可将江西猕猴桃属植物的分布大致划分7个区。

赣西北中低山与丘陵区（包括庐山）：主要为

图86 猕猴桃生境（徐小彪 供图）

图87 江西省猕猴桃种质资源（徐小彪 供图）

图88 毛花猕猴桃雌花（钟敏 供图）

图89 野生中华猕猴桃主干（徐小彪 供图）

图90 中华猕猴桃雌花（徐小彪 供图）

图91 野生毛花猕猴桃（黄春辉 供图）

图92 软枣猕猴桃雄花（徐小彪 供图）

九岭山和幕阜山构成的中山地带，属中亚热带常绿阔叶林北部亚地带的湘、赣丘陵栲、楠、木荷林及栽培植物区；山峰多在海拔1000m左右，有的高达1500m。本区为江西境内雨量最少和绝对温度最低的地区之一，年均气温略低，约在16～17℃，很适合猕猴桃属植物的生长发育，本区分布有软枣猕猴桃、葛枣猕猴桃、对萼猕猴桃、麻叶猕猴桃、大籽猕猴桃、革叶猕猴桃、京梨猕猴桃、中华猕猴桃、小叶猕猴桃和毛花猕猴桃等10个种（图87～图95）

（包括种下等级，下同），该区猕猴桃种虽然数量众多，但没有江西特有种，所以在该区分化不强烈，表现在与湖南猕猴桃属区系联系密切。

赣北鄱阳湖湖积冲积平原区：由于带有大量水蒸气的东南季风的影响，鄱阳湖年降水量在1000mm以上，属湿润季风型气候。本区植被属于中亚热带常绿阔叶林亚地带的湘、鄂、赣平原、丘陵植被，水生植被区的鄱阳湖平原，丘陵栽培植被、水生植被亚区。本区以非地带性的草甸、草本沼泽及水生

表1 江西猕猴桃属植物的地理分布

种名	分布地区（县/市/区）	垂直分布海拔高度（m）
软枣猕猴桃 *Actinidia arguta*（Sieb.et Zucc.）Planch.et Miq.	庐山，宜丰，资溪	1500~1800
紫果猕猴桃 *A. arguta* var. *purpurea*（Rehd.）C.F.Liang	铅山	950~1150
黑蕊猕猴桃 *A. melanandra* Franch	上饶，黎川，安福，铜鼓，宜丰，萍乡，武夷山，井冈山，修水	650~1000
褪粉猕猴桃 *A. melanandra* var. *subconcolor* C.F.liang	铅山，井冈山，修水	650~1000
葛枣猕猴桃 *A. polygamya*（Sieb.et Zucc.）Maxim.	黎川，庐山	450~1850
对萼猕猴桃 *A. valvata* Dunn	铅山，婺源，庐山，武宁，黎川，铜鼓，宜丰，修水，永修，景德镇，靖安，兴国	350~850
麻叶猕猴桃 *A. valvata* var. *boemeriaefolia* C.F.Liang	庐山，靖安，铅山，黎川	900~1200
大籽猕猴桃 *A. macrosperma* C.F.Liang	铅山，庐山，黎川，靖安	1200~1400
梅叶猕猴桃 *A. macrosperma* var. *mumoides* C.F.Liang	鹰潭，宜春	50~150
簇花猕猴桃 *A. fasciculoides* C.F.Liang	井冈山，宜春	300~400
楔叶猕猴桃 *A. fasciculoides* var. *cuneata* C.F.Liang	全南	300~750
革叶猕猴桃 *A. rubricaulis* var. *coriacea*（Fin.et Gagn）C.F.Liang	宜丰，黎川，德兴，靖安，宁都，上饶，贵溪，修水，大余，铜鼓，玉山，庐山，铅山	250~550
京梨猕猴桃 *A. callosa* var. *henryi* Maxim.	奉新，遂川，铜鼓，婺源，修水，上饶，安福，井冈山，庐山，新建，萍乡，武夷山，宜丰，黎川，寻乌，安远，靖安，信丰，德兴，南丰，广昌，瑞金，石城，贵溪，广丰，泰和，崇义，会昌，上犹，资溪，永修，大余，永新，玉山，铅山	250~1300
异色猕猴桃 *A. callosa* var. *discolor* C.F.Liang	井冈山，全南，铅山，黎川，萍乡，九江，鹰潭，宜春	250~750
金花猕猴桃 *A. chrysantha* C.F.Liang	铅山	600~1300
毛蕊猕猴桃 *A. trichogyna* Franch	黎川，铜鼓	500~600
清风藤猕猴桃 *A. sabiaefolia* Dunn	上饶，铅山	1400~1500
美丽猕猴桃 *A. melliana* Hand.–Mazz.	龙南，全南，崇义，资溪，井冈山	400~500
长叶猕猴桃 *A. hemsleyana* Dunn	资溪，铅山，崇义，井冈山	550~1550
黄毛猕猴桃 *A. fulvicoma* Hance	全南，龙南，遂川，黎川，大余，寻乌，南康，上犹，崇义，井冈山	300~800
绵毛猕猴桃 *A. fulvicoma* var. *lenata*（Hemsl.）C.F.Liang	井冈山，资溪，大余	400~900
灰毛猕猴桃 *A. cinerascens* C.F.Liang	全南	300~500
阔叶猕猴桃 *A. latifolia*（Gardn.et Champ.）Merr.	大余，寻乌，全南，龙南，乐安，信丰，铅山，井冈山	300~1400
安息香猕猴桃 *A. styracifolia* C.F.Liang	井冈山，德兴	400~500
小叶猕猴桃 *A. lanceolata* Dunn	庐山，安远，德兴，宜丰，龙南，井冈山，广丰，鹰潭，武夷山，资溪，铜鼓，宜黄，修水，贵溪，上饶，黎川，奉新，全南	150~750
毛花猕猴桃 *A. eriantha* Benth.	井冈山，萍乡，德兴，资溪，黎川，安远，遂川，铅山，樟树，上饶，泰和，永新，庐山，崇义，寻乌，全南，信丰，乐安	400~1450
中华猕猴桃 *A. chinensis* Planch	全省分布	400~1300
红肉猕猴桃 *A. chinensis* var. *rufopulpa* Liang et Ferguson	永修	200~400
井冈山猕猴桃 *A. chinensis* var. *jinggangshanensis* Liang et Ferguson	井冈山，永新，宜丰，奉新，遂川	800~1300
浙江猕猴桃 *A. zhejiangensis* C.F.Liang	铅山	600~750
江西猕猴桃 *A. jiangxiensis* C.F.Liang	黎川，铅山	600~800

图93　长叶猕猴桃雄花（徐小彪　供图）

图95　毛花猕猴桃果实（徐小彪　供图）

图94　长叶猕猴桃结果状（廖光联　供图）

植被为主，平原丘陵地区的原生植被被破坏殆尽，分布有对萼猕猴桃、京梨猕猴桃、异色猕猴桃、中华猕猴桃等4种广布种以及本区的特有种红肉猕猴桃。

赣东北中低山丘陵区：区内怀玉山脉横贯，地势中高南北低，布垄状丘陵和盆地。本区植被属于中亚热带常绿阔叶林亚地带的浙赣皖山地丘陵青冈苦槠林、栽培植物区和怀玉山丘陵多雨栲、楠林、松杉林亚区。年均气温略低，约在16~17℃。本区分布有对萼猕猴桃、京梨猕猴桃、安息香猕猴桃、小叶猕猴桃、毛花猕猴桃、中华猕猴桃等6种，种类比较贫乏，与安徽猕猴桃属植物区系有密切联系。

赣南山地丘陵区：为大庾岭、九连山一带。本区植被属于中亚热带常绿阔叶林亚地带南岭山地栲、楠、阿丁枫林，松杉林区（大庾岭），章水山地栲、楠、阿丁枫林，松杉林亚区以及九连山山地丘陵的栲、楠、半枫荷林、松杉亚林区。本区水热条件比较丰富，年平均气温最高，为19~20℃，为华南成分的过渡创造了条件。本区分布有对萼猕猴桃、

楔叶猕猴桃、革叶猕猴桃、京梨猕猴桃、异色猕猴桃、美丽猕猴桃、长叶猕猴桃、黄毛猕猴桃、绵毛猕猴桃、灰毛猕猴桃、阔叶猕猴桃、小叶猕猴桃、中华猕猴桃等13个种，占江西总种数的41.9%。

赣西中低山区：区内万洋山、井冈山、武功山连绵逶迤，峰峭谷险，涧深流急，森林和水利资源十分丰富。本区北部武功山属中亚热带常绿阔叶林，北部亚地带的武功山山地丘陵栲、楠、松杉林，南部属中亚热带常绿阔叶林南部亚热带的井冈山山地丘陵栲、楠、阿丁枫林、松杉林亚区。年平均气温在17~18℃。罗霄山脉是南北走向的山脉，有利于南北区系成分的传播，是猕猴桃属植物南北成分的交汇处。本区分布有软枣猕猴桃、黑蕊猕猴桃、褪粉猕猴桃、对萼猕猴桃、麻叶猕猴桃、梅叶猕猴桃、簇花猕猴桃、革叶猕猴桃、京梨猕猴桃、异色猕猴桃、毛蕊猕猴桃、黄毛猕猴桃、绵毛猕猴桃、阔叶猕猴桃、安息香猕猴桃、小叶猕猴桃、中华猕猴桃、井冈山猕猴桃等18个种，占江西总种数的58%，由于该区山势雄伟，地形较复杂，有利于

猕猴桃属植物的发育与分化，其中1个变种（井冈山猕猴桃）为江西所特有。

赣东武夷山区：位于赣东与福建交界的武夷山西坡的中山丘陵地区。本区年平均温度在16~17℃，植被属中亚热带常绿阔叶林北部亚地带浙闽山地丘陵栲、楠林、松杉林区的武夷山西麓多雨栲、楠林、松杉林亚区。本区有猕猴桃属植物24种，分别为软枣猕猴桃、紫果猕猴桃、黑蕊猕猴桃、褪粉猕猴桃、葛枣猕猴桃、对萼猕猴桃、麻叶猕猴桃、大籽猕猴桃、革叶猕猴桃、京梨猕猴桃、异色猕猴桃、金花猕猴桃、毛蕊猕猴桃、清风藤猕猴桃、美丽猕猴桃、长叶猕猴桃、黄毛猕猴桃、绵毛猕猴桃、阔叶猕猴桃、小叶猕猴桃、毛花猕猴桃、中华猕猴桃、浙江猕猴桃、江西猕猴桃，占全省总数的77.4%，所以本区猕猴桃资源最为丰富，而且本地有1个江西特有种（江西猕猴桃），说明猕猴桃属植物在本区有一定的分化；区内猕猴桃属植物与福建猕猴桃属植物区系联系密切。

赣中南丘陵区：包括罗霄山脉以东、鄱阳湖以南、武夷山以西、九连山以北的广大地区，多为海拔100~500m的丘陵，年平均温度在18~19℃。本区植被属中亚热带常绿阔叶林南部亚地带南岭山地丘陵栲、楠、阿丁枫林、松杉林区，其中吉泰盆地丘陵栲、楠、阿丁枫林、松杉林亚区，零山山地丘陵栲、楠、松杉林亚区。由于人为的影响本区原生植被几乎不存在。本区分布有黑蕊猕猴桃、对萼猕猴桃、大籽猕猴桃、梅叶猕猴桃、革叶猕猴桃、京梨猕猴桃、异色猕猴桃、阔叶猕猴桃、毛花猕猴桃、中华猕猴桃等猕猴桃属植物10种，其中中华猕猴桃和毛花猕猴桃为该区的广布种。

2. 甘肃省猕猴桃地方品种分布区

甘肃省农业科学院经济作物推广站等（1981）调查发现，甘肃省境内有着丰富的地方中华猕猴桃资源，广泛分布于陇南、天水、陇东、陇西南等地。由于纬度、海拔、气候的差异，大致可分为猕猴桃资源丰富和分散分布两个地带。资源分布丰富地带在徽县、文县、成县、武都区、康县等地东南部的碧口、洛塘、阳坝、宋坪、嘉陵等40多个乡。资源分布分散地带在天水、两当、西和、礼县和徽县盆地西北部的次生林区。就小陇山国家自然保护区而言，中华猕猴桃资源主要分布于小陇山东南部的徽县、两当和麦积区部分乡镇，一般散生于灌木丛及林缘地带，其中在徽县高桥、太白、麦积东岔等地有少量成片分布。垂

直分布范围一般在海拔700~1600m。小陇山是亚热带与暖温带的过渡带，是南北气候的分水岭，环境条件多样，植物种类繁多。因此猕猴桃的伴生植物较多，常见的有合欢、胡枝子、马桑、忍冬、五味子、野葡萄、三叶木通等。在深山中常见于锐齿栎杂木林及栓皮栎林中（王志宏等，2016）。

3. 河南省猕猴桃地方品种分布区

河南省西峡县有着丰富的地方猕猴桃资源，西峡县位于豫西南伏牛山南麓，境内山脉起伏，峰峦叠嶂，河谷纵横，地域辽阔，总面积3453.9km²。西峡县的气候属北亚热带向暖温带过渡的大陆性季风气候，气候温和，雨量充沛，年平均气温15.4℃，年平均降水量880mm。西峡县的地理、气候条件特别适宜地方猕猴桃生长，目前全县拥有地方猕猴桃面积1.3万hm²，猕猴桃年产量1000万kg，居全国县级之首。西峡县先后在丁河镇的寺山村、马蹄村、秧地村、陈阳村，重阳镇的下街村、三坪村，寨根乡的太山村，石界河的小寨村，烟镇林场的白石尖、牛毛坪等地方设立了地方猕猴桃保护区（李晓改等，2016）。

4. 天津市猕猴桃地方品种分布区

天津市蓟县暖温带季风性大陆气候，在蓟县山区里蕴藏着丰富的地方软枣猕猴桃资源，主要分布在八仙桌子、梨木台、常州村、黑水河一带林缘、天然次生林内，以常州村九山顶风景区山谷中以及八仙山八仙桌子景区最为集中（齐秀娟，2016）。

5. 贵州省猕猴桃地方品种分布区

贵州是猕猴桃资源分布较为丰富的地区之一，典型的亚热带温暖湿润的季风气候，冬无严寒、夏无酷暑，蕴含着丰富的地方植物资源，分布着27种猕猴桃，每年可采收的地方果实蕴藏量为10000t（黄宏文，2000）。贵州东部地区猕猴桃种质资源相对丰富，其生境多为路旁山坡杂木林中、溪沟侧的灌木丛中、林内路边或高大树林中。雷山县雷公山自然保护区内共发现6种猕猴桃123份地方资源，石阡县发现4种猕猴桃共74份地方资源。总体上，美味猕猴桃在贵州东部地区普遍分布，采集难度不大，毛花猕猴桃和中华猕猴桃其次，阔叶猕猴桃、黄毛猕猴桃和软枣猕猴桃分布则较少（刘磊等，2015）。位于云贵高原向广西丘陵过渡地带的黔南布依族苗族自治州，平均海拔约997m，立体气候明显，地跨南亚热带、中亚热带和北亚热带3个不同

图 96　长叶猕猴桃（廖光联　供图）

图 97　大籽猕猴桃（徐小彪　供图）

图98　京梨猕猴桃雄花（朱博　供图）

图99　京梨猕猴桃雌花（朱博　供图）

图100　对萼猕猴桃 （徐小彪　供图）

图101　对萼猕猴桃（徐小彪　供图）

图102　美味猕猴桃（黄春辉　供图）

图103　长叶猕猴桃（徐小彪　供图）

图104 红心猕猴桃（黄春辉 供图）

图105 '红什2号'猕猴桃（徐小彪 供图）

图106 '红华'猕猴桃（朱壹 供图）

图107 '东红'猕猴桃（徐小彪 供图）

图108 '楚红'猕猴桃（徐小彪 供图）

图109 '奉野1号'猕猴桃（徐小彪 供图）

图110 '晚红'猕猴桃（黄春辉 供图）

图111 '脐红'猕猴桃（黄春辉 供图）

图112 野生猕猴桃（钟敏 供图）

的气候带；而气候和地形的复杂多样为多种地方猕
猴桃的生长提供了适宜的生存环境。水平分布上，
种类较丰富的为荔波县和都匀市，均约为13种。其
中，金花猕猴桃、显脉猕猴桃、粉毛猕猴桃等垂直
分布上，海拔600～900m，以美味猕猴桃为主，偶
见毛叶硬齿猕猴桃，而荔波县则有金花猕猴桃、显
脉猕猴桃、粉毛猕猴桃和长叶猕猴桃等多种地方猕
猴桃。900～1500m处美味猕猴桃、黑蕊猕猴桃、毛
叶硬齿猕猴桃、葛枣猕猴桃等杂生于一起，地方猕
猴桃种类最丰富（王传明，2015）。贵州的六盘水
市地处乌蒙山脉南端、云贵高原中部的斜坡上，高
原性季风气候，年平均气温12.3～15.2℃，年平均降
水量1236～1509mm；年均日照时数1250.3～1594.3
小时，据调查统计，六盘水市境内共有地方猕猴桃
297万余株，结实植株139万余株。经初步鉴定，境
内地方猕猴桃属植物种类丰富，主要有中华猕猴
桃、硬齿猕猴桃、毛花猕猴桃等14种。地方猕猴桃
群落主要分布于天然林中，分布范围广，生态适应
性强（李林等，2015）。

6. 安徽省猕猴桃地方品种分布区

蒋志娟等（2017）经过调查发现猕猴桃是当地
真正的土特产，由于徽州区地处皖南山区，为亚热
带季风湿润气候区，气候阴凉、云雾多，全区年均
温约16℃，10℃以上的积温达5000℃左右，无霜期

年均天数230天左右，产出的猕猴桃汁液多、口感更
佳。黄山地区丘陵山地面积广阔，比较适合猕猴桃
的生长，猕猴桃种类较为丰富，主要的类型为软毛
中华猕猴桃，占比超过90%。目前，整个黄山地区
分布的地方猕猴桃蕴藏量约5000t，祁门和歙县2个
县年产量就超过1000t。

7. 黑龙江省猕猴桃地方品种分布区

据段亚东等（2013）调查，黑龙江省地方猕猴
桃资源丰富，储藏量在7100t以上，年采摘量在1850t
以上。黑龙江省地方猕猴桃资源主要分布在完达山南
部、老爷岭和张广才岭山区，在黑龙江沿岸的孙吴、
伊春、嘉荫、萝北、绥滨等地和东部的抚远、饶河等
地均有大量分布，其中以狗枣猕猴桃分布最多，其次
为软枣猕猴桃，葛枣猕猴桃分布较少。葛枣猕猴桃喜
暖喜光，生于次生林中的空地或林缘，光线充足的地
方，在黑龙江省境内仅分布在东南部山区，即张广才
岭南部及老爷岭山区，主产区有五常、尚志、东宁、
海林、宁安、穆棱和林口等地。狗枣猕猴桃耐寒耐
阴，分布在黑龙江省小兴安岭及东南部的完达山、张
广才岭和老爷岭等山区。主要产地有五常、尚志、宁
安、宾县、伊春、庆安、阿城、东宁、海林、穆棱、
林口、勃利、密山、虎林、依兰、桦南、铁力、方
正、延寿、集贤、宝清、木兰、嘉荫、通河、巴彦、
汤原和桦川等地。软枣猕猴桃分布在黑龙江省东南部

的完达山南部、张广才岭及老爷岭山区。主要产区有五常、尚志、阿城、东宁、海林、宁安、牡丹江、穆棱、林口、宾县、勃利、密山、虎林、依兰、桦南、伊春和嘉荫等地。

8. 辽宁省猕猴桃地方品种分布区

王显军（2015）经调查发现，辽宁省地方猕猴桃主要分布在辽东山区。属长白植物区系，以宽甸、凤城、本溪、桓仁、抚顺、新宾、清原、岫岩、西丰、开原、铁岭为主；辽西绥中县有一定分布，属华北植物区系；其他地方分布很少。同时也发现丹东市资源分布约占全省的1/3，以宽甸、凤城为最多。凤城软枣猕猴桃资源丰富，凤城市21个乡镇（区）均有分布。

三 我国猕猴桃地方品种的主要分布区

1. 广东省猕猴桃地方品种主要分布区

广东省境内有着丰富的地方猕猴桃种质资源，调查显示省内分布19种以上的地方猕猴桃，仅在南岭国家级自然保护区就有15个地方种分布（邢福武，2011）。这些地方猕猴桃种质，是华南地区猕猴桃新品种选育的重要资源保障。广东省和平县是位于我国最南端的猕猴桃生产基地，也是广东省最大的猕猴桃生产基地（杨曼倩等，2003）。虽然广东省的猕猴桃产量只占全国总产量2.3%，位居全国第九（Ferguson，2014），但由于广东独特的农业生态条件，同品种猕猴桃比内地早成熟1个月左右，加上毗邻港澳和珠三角的区位优势，在全国猕猴桃市场上具有较强的竞争力（梁红等，2011）。在仲恺农业工程学院与和平县水果研究所合作建设的猕猴桃种质资源圃中，栽植的猕猴桃种质资源是经过两代人花费数十年收集的，已成为我国南方猕猴桃产业的特色育种材料。近三十年多来，林太宏（1991）、梁红等（2002），为了扩大广东猕猴桃资源库，对全国的主要猕猴桃分布区和产区进行了资源调查和收集，先后从国内外引进了近100多份的猕猴桃种质资源进行南方高温驯化，淘汰了一批不适应南方气候条件的资源，留存了50多份能够适应南方气候，并能正常开花结果的种质资源。南方的高温条件一直是影响广东省猕猴桃开花结果和商业推广的瓶颈，目前留存的种质资源均适应了广东产区高湿高热环境。

2. 陕西省猕猴桃地方品种主要分布区

陕西是全国栽培猕猴桃面积最大的省份，至2012年年底，猕猴桃种植面积约5.76万hm²，产量达82.29万t，占到全球猕猴桃栽培面积和产量的1/3；陕西猕猴桃种植区既有优质的地方品种猕猴桃正常生长所需的光、温、水等气候资源条件的区位优势，又是气候条件较为敏感的地区，极大地为猕猴桃提供良好的生长条件。陕西省猕猴桃地方品种种植区西起宝鸡市渭滨区，东至渭南市潼关县，南至汉中市勉县，种植地区涉及陕西省关中大部分及陕南部分地区，但以秦岭北麓陈仓、眉县、杨陵、周至、户县、长安、灞桥、蓝田、临渭、华阴、华县11个县区最为集中（刘璐等，2014）。

3. 四川省猕猴桃地方品种主要分布区

四川省地域辽阔，气候温和，雨量充沛，猕猴桃属植物种类丰富，但分布上又有着许多地域性差异，表现为不同地区既有相同种类，也有不同成分。四川猕猴桃资源中有21个种类，占猕猴桃种类的31.8%，糙毛组、星毛组、斑果组和净果组在四川都有分布，分别有3、4、7、7种，种间分化明显。同时猕猴桃沿盆周山地环形分布，沿盆周山地垂直分布的特点突出，中间相互杂居，形成猕猴桃多样性的遗传背景。猕猴桃资源主要分布在四川盆地周围的中低山区，形成一环形的猕猴桃分布带，盆周山地集中了四川猕猴桃属植物的所有种类和90%以上的资源量。四川猕猴桃主要以硬毛的美味猕猴桃为主，在全省所有猕猴桃分布区几乎都有分布，其数量多，分布广。猕猴桃分布的海拔高度在400～3200m，主要集中在海拔600～1500m。软枣猕猴桃、凸脉猕猴桃（1500～1700m）和榆叶猕猴桃（1000～1200m）的分布区域窄，范围小，而美味猕猴桃（350～2600m）和毛花猕猴桃（700～2600m）的分布区域广。由于猕猴桃各种类对气候、土壤、植被等生态条件的要求不一样，以及四川多样性的气候土壤条件，导致猕猴桃分布的多样性、复杂性和广泛性。

根据四川猕猴桃资源的分布特点和资源状况，结合四川自然区划和植被区划，可以将四川猕猴桃划分为两个主要的区域，即四川盆地区和西部高山高原区。

根据猕猴桃种类分布和贮量不同，将四川盆地分为5个亚区，盆地底部亚区，大巴山、米仓山中山亚区，川东、川南低山、中山亚区，龙门山、峨眉山中山亚区和川西南中山亚区。

盆地底部亚区，大致位于绵阳、安县、雅安、沐川、叙永、江津、丰都、万县、宣汉、巴中、广元之间。面积约1333万hm²，占全省面积的24%，本区域虽然气候温暖，雨量充足土壤类型多样，但由于开发历史悠久，绝大部分地区的自然植被已为农田作物所取代，局部地区亦猕猴桃的分布，种类稀少，蕴藏量很低，不到全省的0.3%，主要种类为硬毛的美味猕猴桃，主要分布海拔400~1820m。

大巴山、米仓山中山亚区，包括巫溪、城口、万源、通江、旺苍县的全部，开县、云阳、巫山、广元、巴中、平昌、宣汉等地区。面积367.8万hm²，占全省总面积的6.6%。气候属中亚热带气候，比较湿冷。土壤自下而上为山地黄壤、山地黄棕壤、山地棕壤等。主要植被为亚热带常绿阔叶林，山地常绿与落叶阔叶混交林、山地针叶林等森林覆盖率达17.8%。本区猕猴桃资源丰富，分布于海拔380~2200m，集中分布于800~1400m，是四川省猕猴桃分布最丰富的地区之一，主要种类为硬毛美味猕猴桃，猕猴桃成片分布是该区猕猴桃分布的一个特点。

川东、川南低山、中山亚区位于盆地东部和南部，大部分地区处于长江以南，屏山县，东至巫山县，包括屏山、高县、筠连、长宁、兴文、叙永、古蔺等地。气候温和湿润，热量丰富，主要土壤类型为山地黄棕壤和少量的紫色土和山地黄棕壤分布。主要植被类型为亚热带常绿阔叶林，垂直差异不大。本区猕猴桃资源丰富，分布于海拔400~2000m，集中分布于600~1500m，是四川省猕猴桃分布最丰富的地区之一，主要类型为硬毛美味猕猴桃、革叶猕猴桃等。

龙门山、峨眉山中山亚区位于盆地西部边缘山地，包括青川、平武、北川、雅安、宝兴、芦山、天全、荥经、峨边、马边等地，总面积达463万hm²，占全省总面积的8.2%。气候湿润，雨量充沛，是四川省降水量最多的地区。土壤类型以山地黄壤和山地黄棕壤为主，其次为山地暗棕壤和山地草甸土等。主要植被由低到高为亚热带常绿阔叶林、常绿与落叶阔叶混交林、亚高山针叶林等。该区猕猴桃资源丰富，种类繁多，分布于海拔700~2600m，是猕猴桃分布最丰富的地区之一，主要种类为硬毛美味猕猴桃。

川西南中山亚区，位于四川西南部，包括汉源、石棉、越西、甘洛、西昌、昭觉、布拖、普格、宁南、会理、会东、盐源、冕宁、盐边、米易、攀枝花等地，面积565万hm²，约占全省总面积的10%。气候冬暖夏凉，日照充足，热量丰富，干湿气候分明。土壤和植被的垂直变化十分明显，主要土壤类型自下而上有燥红土、山地红壤、山地红棕壤、山地灰化土和高山草甸土等，主要植被自下而上为稀疏草丛、云南松林、常绿阔叶林、针叶林、亚高山灌丛草甸等。该区猕猴桃资源分布于海拔1000~3500m，集中分布于1200~1800m，主要集中分布于汉源、石棉两地，主要品种为硬毛美味猕猴桃。

高山高原区位于四川盆地以西，总面积约2400万hm²，占全省土地面积的44.9%，气候、土壤、植被的垂直变化十分明显，自然条件恶劣，不利于猕猴桃的生长，种类少，储量低，仅有少数几个地区有猕猴桃的零星分布（丁建，2006；顾颖，2017；王大为，2017；吴晓婷，2016）

第四节
猕猴桃地方品种的鉴定分析

遗传多样性是生物多样性的重要组成成分，它是种内全部个体或某一群体内遗传变异信息的总和（李永强等，2004）。对果树栽培品种及其野生种质资源的遗传多样性进行评价，可以为果树种质资源的有效开发利用提供基础。我国是猕猴桃种质资源分布大国，蕴含丰富的野生基因型，具有很高的遗传多样性，这都为猕猴桃种质资源创新提供了很好的材料。猕猴桃为雌雄异株植物，其品种多样性丰富，倍性复杂，研究者一直致力于猕猴桃的分类及鉴定工作，这在生产栽培和育种研究上都有重要意义。研究者通过外部形态特征、同工酶分析、分子标记等方法对猕猴桃进行分类及鉴定研究，由于分子标记有直接以DNA的形式表现，不受季节与环境的影响，易取样，数量极其丰富，多态性高的优点，常用于种质的遗传多样性分析、亲缘关系鉴定及分子标记辅助育种等方面。

研究者很早就开始了猕猴桃的遗传多样性研究和品种鉴定工作，W. G. Huang et al.（1998）利用20个微卫星序列对中华猕猴桃二倍体和四倍体进行检测，二倍体的杂合度为50%～85%，而四倍体的杂合度高达90%～100%，可见多倍体能够保留更多的遗传多样性。Liu et al.（2010）研究表明，48.7%的检测微卫星位点在7个猕猴桃物种中都存在，从居群遗传结构及基因流等方面分析中华猕猴桃和美味猕猴桃具有很高的遗传相似性。岁立云等（2013）利用AFLP标记对红肉猕猴桃资源遗传多样性进行研究，发现中华猕猴桃与美味猕猴桃红肉资源间遗传分化程度较小，但是它们与软枣猕猴桃红肉资源间的遗传差异较大。张田等（2007）研究认为猕猴桃cpSR遗传多样性丰富，但是不同品种间存在明显差异，其中美味猕猴桃遗传多样性水平最低，而绵毛猕猴桃最高。汤佳乐等（2014）利用21对多态性SSR引物对野生毛花猕猴桃资源遗传多样性进行分析，发现其多态性信息含量范围为0.358～0.837。刘娟等（2015）利用ISSR标记对16份猕猴桃雄性资源间遗传分化参数进行分析，认为雄株的遗传多样性主要是由种间遗传分化导致，自然条件下由于种间杂交的不育性影响了基因的流动，进而导致不同种间遗传分化系数较大。

利用分子标记技术可以有效地对猕猴桃属植物进行系谱分析和品种鉴定，分析优良栽培种的亲本等，这对猕猴桃生产和科研具有重要意义。目前，中华猕猴桃和美味猕猴桃是商业栽培的主栽培种，Kokudot et al.（2003）利用分子标记技术证明中华猕猴桃和美味猕猴桃亲缘关系很近。李建仔等（2003）通过对猕猴桃属叶绿体DNA进行RFLP标记表明，认为美味猕猴桃的父本是中华猕猴桃；且排除了绿果猕猴桃的来源亲本是中华和美味猕猴桃的可能性，认为其是中华和美味猕猴桃的变种并还在分化之中。Cipriani et al.（1996）利用80条RAPD引物对中华、美味及狗枣猕猴桃基因组DNA进行标记，筛选出与品种和基因型相关的特异标记位点，对所有的品种进行了鉴别。徐小彪等（2010）通过EST-SSR标记，发现引物EST-Ad042表现为在杂交群体F1（中华猕猴桃矮化品种'赣猕5号'×普通品种'奉雄2号'）矮化植株中有标记，普通植株没有标记，进而认为该标记可以有效鉴别矮化植株。分子标记还可以用于猕猴桃抗病育种材料的早期鉴别，如易盼盼（2015）等利用SSR标记获得与猕猴桃抗溃疡病基因相连锁的UDK97-428116标记，通过其可以对育种材料的抗溃疡病性进行鉴定。遗传图谱是指某一物种的染色体图谱，其可以显示所知基因或遗传标记在染色体中的相对位置，相比于其他遗传图谱，具有构建效率高、速度快且不受环境、个体发育状态显著等特点。DNA指纹图谱是指以DNA分子标记为基础，通过其可以区分不同生物个体间DNA水平差异的DNA电泳图谱，这种图谱具有高度个体特异性、环境稳定性和丰富多态性等特点，目前广泛应用于品种鉴定、基因型鉴定、品种注册等方面。目前，关于猕猴桃分子遗传图及指纹图谱构建已经有相关报道。Harvey et al.（2002）利用200个微卫星标记对猕猴桃群体图谱进行构建，认为其是构建分子遗传图谱的最佳方案，是标记大量的基因组，共显性，随机分布，并提供处理和重现性的缓解。Testolin et al.（2003）利用"假测交"作图技术，利用AFLP和微卫星分子标记构建猕猴桃遗传图谱，并对群体进行了选择。Huang et al.（2013）利用3379个SNP标记位点，对中华猕猴桃'红阳'品种的全基因组参考遗传图谱进行构建，并从中寻找出与猕猴桃抗坏血酸的生物合成、类胡萝卜素生物合成及黄酮代谢相关的基因位点。谢玥等（2013）利用ISSR标记构建'红阳'猕猴桃及其杂交后代指纹图谱，其中利用引物842可以将14份材料有效区分开来，另外6个特异引物只能区分出一部分试验材料。陈延惠等（2003）利用RAPD标记对15份猕猴桃材料的遗传图谱进行构建，其中引物S21对11个品种中7个样品的指纹图谱鉴定效果好，可以用来鉴定'海沃德''华光2号''小果甜'等品种；引物S130可以作为6个以上品种资源鉴定的特异性引物。

目前，在分子水平上主要利用RAPD、AFLP、SRAP、SSR、ISSR等技术进行猕猴桃品种鉴定，而且多数集中在对某一地区的猕猴桃品种进行研究，来源范围较窄，涉及的品种数量少，不够系统。指纹图谱能将DNA指纹数字化，构建品种分子身份证，使品种的区别、鉴定和对比更加方便直观。而且由于异花授粉以及不同地域间的引种和品种交换，导致品种混杂、系谱不清，同物异名或同名异物现象严重。加

之长期的无性繁殖和人类的偏好，使栽培猕猴桃基因型趋于单一，造成基因多样性降低、品种退化等现象。目前，猕猴桃种质资源的远缘杂交已成为种质资源创新的一个重要途径。因此，明确不同性状品种的亲缘关系及评价石榴种质的遗传多样性，对猕猴桃种质资源的保护、高效育种与有效利用具有重要的科学意义。

通过SSR对江西省境内收集74份猕猴桃资源（表2）进行指纹图谱构建及遗传多样性分析，以期更好地对猕猴桃进行分类鉴别和猕猴桃资源的改良奠定基础。

一　分子指纹图谱构建策略

采集74份猕猴桃品种（系）的幼叶，提取基因DNA，基于已发表的NCBI公共数据库中猕猴桃属的EST（Expressed Sequence Tag，表达序列标签）开发的SSR（Simple Sequence Repeat，简单重复序列）100对分子标记中筛选出稳定、多态性好、条带清晰的6对引物，对包含地方品种在内的74份猕猴桃资源进行遗传多样性分析。采用的SSR标记信息见表3。PCR扩增产物采用8%的聚丙烯酰胺凝胶电泳分离，快速银染法检测，并拍照记录。扩增产物按同一位点条带有无分别赋值，有带记为"1"，无带记为"0"。统计结果录入excel表格，利用分析软件PowerMarker V3.25，统计位点总数和多态性位点数多态性信息含量（PIC）等参数值，做出74份供试猕猴桃的系谱图。

从100对引物中筛选出6对多态性高、重复性好的引物（孟蒙，2014；王佳卉，2014），并经过多次实验确定其最适退火温度。6对SSR引物对于74份材料的多样性分析结果见表3。供试的74份猕猴桃品种共扩增出71个位点，多态性位点也为71，多态性比率100%。每条引物的多态性位点数为10～17个，平均每条引物扩增11.8个位点，平均多态性位点数为11.8。引物1扩增位点数最多，为17个，且其多态性比率为100%。多态信息含量PIC值为0.142～0.184，平均多态信息含量为0.158。

二　SSR的DNA数字指纹图谱

对6对引物在74个供试猕猴桃品种中的扩增结

表2 74份猕猴桃品种信息

编号	材料	隶属种	来源地	编号	材料	隶属种	来源地
1	赣金1号	中华猕猴桃	江西省宜春市奉新县	38	赣红7号	中华猕猴桃	江西省赣州市信丰县
2	金果	中华猕猴桃	江西省宜春市奉新县	39	红华	中华猕猴桃	江西省赣州市信丰县
3	金艳	中华猕猴桃	江西省宜春市奉新县	40	金桃雄3号	中华猕猴桃	江西省赣州市信丰县
4	红阳	中华猕猴桃	江西省宜春市奉新县	41	南源2号	中华猕猴桃	江西省赣州市信丰县
5	宜黄2号	中华猕猴桃	江西省宜春市奉新县	42	南源1号	中华猕猴桃	江西省赣州市信丰县
6	赣猕6号	毛花猕猴桃	江西省宜春市奉新县	43	赣金5号	中华猕猴桃	江西省赣州市信丰县
7	金魁	美味猕猴桃	江西省宜春市奉新县	44	金魁雄	中华猕猴桃	江西省赣州市信丰县
8	武宁2号	中华猕猴桃	江西省宜春市奉新县	45	麻毛3号	毛花猕猴桃	江西省赣州市信丰县
9	武宁1号	中华猕猴桃	江西省宜春市奉新县	46	庐山香	中华猕猴桃	江西省赣州市信丰县
10	低酚6号	毛花猕猴桃	江西省宜春市奉新县	47	早金	中华猕猴桃	江西省赣州市信丰县
11	金奉	中华猕猴桃	江西省宜春市奉新县	48	华优	中华猕猴桃	江西省赣州市信丰县
12	麻毛49	毛花猕猴桃	江西省宜春市奉新县	49	赣红	中华猕猴桃	江西省赣州市信丰县
13	奉黄2号	中华猕猴桃	江西省宜春市奉新县	50	麻毛4号	毛花猕猴桃	江西省赣州市信丰县
14	奉新红肉	中华猕猴桃	江西省宜春市奉新县	51	金艳雄1号	中华猕猴桃	江西省赣州市信丰县
15	武枣1号	软枣猕猴桃	江西省宜春市奉新县	52	麻毛13号	毛花猕猴桃	江西省赣州市信丰县
16	麻毛24号	毛花猕猴桃	江西省宜春市奉新县	53	金桃	中华猕猴桃	江西省赣州市信丰县
17	麻毛14号	毛花猕猴桃	江西省宜春市奉新县	54	奉黄3号	中华猕猴桃	江西省宜春市奉新县
18	麻毛13号	毛花猕猴桃	江西省宜春市奉新县	55	红阳四倍体	中华猕猴桃	江西省宜春市奉新县
19	麻毛12号	毛花猕猴桃	江西省宜春市奉新县	56	低酚7号	毛花猕猴桃	江西省宜春市奉新县
20	麻毛27号	毛花猕猴桃	江西省宜春市奉新县	57	奉黄5号	中华猕猴桃	江西省宜春市奉新县
21	麻毛28号	毛花猕猴桃	江西省宜春市奉新县	58	赣金3号	中华猕猴桃	江西省宜春市奉新县
22	麻毛11雄	毛花猕猴桃	江西省宜春市奉新县	59	美实1号	美味猕猴桃	江西省宜春市奉新县
23	麻毛10号	毛花猕猴桃	江西省宜春市奉新县	60	奉雄1号	中华猕猴桃	江西省宜春市奉新县
24	麻毛7号	毛花猕猴桃	江西省宜春市奉新县	61	中雄1号	中华猕猴桃	江西省宜春市奉新县
25	麻雄7号	毛花猕猴桃	江西省宜春市奉新县	62	毛雄16号	毛花猕猴桃	江西省宜春市奉新县
26	麻21号	毛花猕猴桃	江西省宜春市奉新县	63	毛雄12号	毛花猕猴桃	江西省宜春市奉新县
27	麻毛4号	毛花猕猴桃	江西省宜春市奉新县	64	毛雄9号	毛花猕猴桃	江西省宜春市奉新县
28	赣雄6号	毛花猕猴桃	江西省宜春市奉新县	65	毛雄7号	毛花猕猴桃	江西省宜春市奉新县
29	华特	毛花猕猴桃	江西省赣州市信丰县	66	浔溪128	毛花猕猴桃	江西省宜春市奉新县
30	金果雄	中华猕猴桃	江西省赣州市信丰县	67	毛雄3号	毛花猕猴桃	江西省宜春市奉新县
31	毛雄5号	毛花猕猴桃	江西省赣州市信丰县	68	金雄1号	中华猕猴桃	江西省宜春市奉新县
32	早红	中华猕猴桃	江西省赣州市信丰县	69	中雄15号	中华猕猴桃	江西省宜春市奉新县
33	苌金8号	中华猕猴桃	江西省赣州市信丰县	70	中雄23号	中华猕猴桃	江西省宜春市奉新县
34	米良1号	美味猕猴桃	江西省赣州市信丰县	71	中雄38号	中华猕猴桃	江西省宜春市奉新县
35	云海1号	中华猕猴桃	江西省赣州市信丰县	72	过雄1号	中华猕猴桃	江西省宜春市奉新县
36	赣金3号	中华猕猴桃	江西省赣州市信丰县	73	野雄1号	中华猕猴桃	江西省宜春市奉新县
37	赣猕7号	中华猕猴桃	江西省赣州市信丰县	74	奉黄1号	中华猕猴桃	江西省宜春市奉新县

果，在相同位置有带记为1，无带记为0，构成每个品种的数字指纹图谱。表4是引物相对应的各个品种的DNA数字指纹图谱。

三 遗传多样性分析

遗传多样性分析表明，所用标记可以有效地将74份猕猴桃资源区分开。该群体可以明显分成四类，除了毛花猕猴桃分在一类外，其余种类猕猴桃都没有单独聚为一类，例如34（'G3'）和7（'金魁'）都为美味猕猴桃与其余的中华猕猴桃聚为一类，这与前人研究的美味猕猴桃和中华猕猴桃的亲缘关系很近相一致。聚为一类的毛花猕猴桃中，6（'赣猕6号'）和28['赣猕6号（雄）'], 24

（'毛7'）和25['毛7（雄）'], 19（'毛12'）和63['毛12（雄）']虽然都是同一品种，可是亲缘关系不是最近的，这可能与长期生长过程中各个品种间发生了基因交流。38、39、40、41、42、43、44、46、47、48和49聚为一亚类来自江西省赣州市信丰县，分为另外一亚类除了51和53都来自江西省宜春市奉新县，这可能与地域导致它们的亲缘性存在差别。根据Nei's的计算方法对材料进行遗传距离的统计分析，可以看出成对品种间的遗传距离的范围在0.028～0.324之间，平均遗传距离为0.218。其中遗传距离最近的是28['赣猕6号（雄）']和31（'M3'），42（'Y25'）和43（'Y10'），46（'Y5'）和47（'Y2'），54（'FH-3'）和58（'GJ3'），69（'S15'）和70（'23'），72（'过雄1号'）和73（'YS-1'），数值为0.028，这些材料可能享有一个更近的亲缘关系。遗传距离最远的是29（'G15'）和7（'R8'），29（'G15'）

表3　引物序列及多态性信息

引物	序列（5'to3'）	退火温度（℃）	扩增总条带数	多态性条带数	多态性比率（%）	多态信息含量
FOR1	AACTAAGAAACGGGACCATTG TATGTGGATGTCCCAGAAAAG	62	17	17	100	0.159
FOR7	TTCCTTCTCCTGGTCCTCG TCATCATTCTCGGTGAACTCC	62	11	11	100	0.184
FOR8	TATGTGCCTGGAGCAATCTG TGGGAAAATGAGTCCGTAGC	61	11	11	100	0.142
FOR16	CTTCTCGGCAATGCTTTC GACGATGAATACGGAGTTGAC	54	10	11	100	0.151
A124	ACATACCTTCAACGCTTC ATACCGTGGACTTCATTC	60	12	12	100	0.156
A059	ATGGTCACATCGTCGTCA AAGTGGTTCCGCTCTGGT	60.5	10	10	100	0.154
合计	—	—	71	71	—	0.947
平均	—	—	11.8	11.8	100	0.158

表4　74个猕猴桃品种的DNA数字指纹图谱

编号	DNA数字指纹图谱	编号	DNA数字指纹图谱	编号	DNA数字指纹图谱	编号	DNA数字指纹图谱
1	00000001110000000	20	10000000100000000	39	00010000000000000	58	00000001000000000
2	00000100000000000	21	00000000101000000	40	00010000100000000	59	00000001000000000
3	00000001110000000	22	00001000100000000	41	00010000000000000	60	00001000100000000
4	00000001110000000	23	00000000101000000	42	00010001010000000	61	00001000000000000
5	00000100000000000	24	10000000100000000	43	00010000000000000	62	00010000010000010
6	00100001000010000	25	01000010000000000	44	00010000000100000	63	00000001000000000
7	00100001000000000	26	01000100000110000	45	00010001000010000	64	00000000100000000
8	01000001000000000	27	01000100000110000	46	00001000000000000	65	00010000100000000
9	00000100000000000	28	10000000100000000	47	00001000000000000	66	00000001001000000
10	01000000000000000	29	01000100000100100	48	00001000000000000	67	00000001000000000
11	01000000000000000	30	10000000100000000	49	00010000000000000	68	00000000101000000
12	00000100100000000	31	10000000100000000	50	00000001001000001	69	00010000000000000
13	00000100000000000	32	00100000000000000	51	00001000000000000	70	00001000000000000
14	00000100000000000	33	00100100000000000	52	00010000010000010	71	00001000000000000
15	01000001000000000	34	00100100001001000	53	00001000000000000	72	00001000000000000
16	00000100000000000	35	00010100000000000	54	00000001000000000	73	00001000000000000
17	00000000110000000	36	01000010000000000	55	00001000000000000	74	00001000000000000
18	00000100100001100	37	01000100000000000	56	00001001000000000		
19	00000110000011000	38	00000010000000000	57	00001001000000000		

和39（'R8'），39（'R8'）和50（'G11'），41（'Y14'）和50（'G11'），数值为0.324，这些材料是我们重点保护对象。本研究首次采用分子标记技术对猕猴桃地方品种资源进行了遗传多样性分析，该研究表明猕猴桃地方品种资源有较高的利用价值，有可能成为猕猴桃新品种选育及遗传研究的可利用资源。

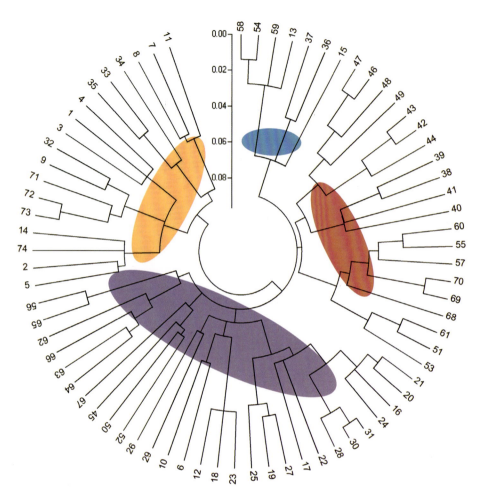

图113 猕猴桃资源的遗传多样性分析

第五节
猕猴桃资源的倍性分析

经体细胞染色体计数确认，猕猴桃属植物的染色体基数为29条（Mcneilage and Considine，1989；熊治廷等，1992）；与其他具有高基数染色体的被子植物类似，猕猴桃属较多的染色体基数可能是由于其发生过古多倍化现象（黄宏文等，2013）。猕猴桃属植物存在频繁的种间杂交，倍性复杂，种内和种间的倍性变异十分广泛，并且呈现出从二倍体、四倍体、六倍体到八倍体的频率逐渐减少的网状分布结构，某些分类单元中不同倍性小种还存在地理上的隔离（熊治廷，1992）。根据现有调查结果来看，中华猕猴桃变种含有二倍体和四倍体（二倍体居多），美味猕猴桃变种包括四倍体、五倍体、六倍体和八倍体（六倍体居多）。猴桃种间和种内不同倍性小种的存在，给猕猴桃的杂交育种造成了一定的障碍，如中华猕猴桃二倍体和四倍体杂交而得到的可育种子的概率很低。因此广泛认识并准确检测杂交亲本的倍性水平，有助于提高杂交育种的成功率。而另一方面，倍性变异也为猕猴桃育种提供了一定的机遇，可以通过杂交获得不同于亲本倍性的后代植株和新株系，有助于开发出品质更优良的新品种（闫春林，2016）。

猕猴桃倍性多样，细胞核基因组复杂，使得有关细胞核DNA分子标记的研究受到了一定程度的限制，因此关于猕猴桃线粒体DNA（mt DNA）和叶绿体DNA（cp DNA）研究得以深入发展。Cipriant等（Cipriani et al.，1996）利用RFLP-PCR研究狗枣猕猴桃×中华猕猴桃、软枣猕猴桃×中华猕猴桃杂交群体cp DNA遗传方式，证实猕猴桃属植物cp DNA是严格的父系遗传。Testolin et al.（Testolin et al.，2003）进一步对猕猴桃种内及种间杂种后代的mt DNA和cp DNA进行RFLP-PCR分析，证实cp DNA遗传来自于父本，mt DNA遗传来自于母本。这一单亲遗传现象为猕猴桃属植物分类及系统学研究提供了新的途径。江西农业大学猕猴桃研究所根据前期收集的88份不同品种猕猴桃为供试材料，并结合相关文献进行倍性测定分析，以期为猕猴桃倍性育种奠定理论基础。

一 不同猕猴桃材料的来源

不同猕猴桃材料的来源见表5。

二 不同猕猴桃雄性品种（系）倍性水平统计分析

以'红阳''金艳''金魁'为标样对采集的样品进行倍性测定（表6），测试结果与第三方测定数据一致，结果表明，供试的52份中华猕猴桃中2X占40.38%，3X占1.92%，4X占55.77%，6X占1.92%，未发现8X；供试的10份美味猕猴桃中4X占20.00%，6X占80.00%，未发现2X、4X；供试的25份毛花猕猴桃栽培种以及野生近缘种均为2X；供试的1份软枣猕猴桃为6X。

倍性是影响果实品质的重要因素之一，不同倍性的雄株对同一雌株授粉具有不同的表现（高敏，2016；李志等，2016），研究其倍性水平具有重要的生产指导意义。猕猴桃倍性水平丰富，此前已有相关研究报道，在中华猕猴桃变种自然居群的个体多为2X和4X（Mcneilage et al.，1989；曾华等，2009；熊治廷和黄仁煌，1998），偶有非整倍体的报道；而美味猕猴桃变种则多为4X和6X，并以6X为主，偶尔有5X和8X出现（S.Huang et al.，2013；曾华等，2009；黄韦，2009）。中华猕猴桃复合体变种间的杂交亲和性较强，成功率较高（贾爱平等，2010；王圣梅和黄仁煌，1994）。软枣猕猴桃是猕猴桃属内倍性最为复

表5 猕猴桃主要品种（系）及近缘野生种来源

序号	品种	采集地点	序号	品种	采集地点
1	赣金1号	奉新县猕猴桃资源圃	45	赣金5号	信丰县绿萌农场
2	金果	奉新县猕猴桃资源圃	46	金魁雄	信丰县绿萌农场
3	金艳	奉新县猕猴桃资源圃	47	麻毛3号	信丰县绿萌农场
4	红阳	奉新县猕猴桃资源圃	48	奉黄雄1号	信丰县绿萌农场
5	宜黄1号	奉新县猕猴桃资源圃	49	庐山香	信丰县绿萌农场
6	宜黄2号	奉新县猕猴桃资源圃	50	早金	信丰县绿萌农场
7	赣猕6号	奉新县猕猴桃资源圃	51	华优	信丰县绿萌农场
8	金魁	奉新县猕猴桃资源圃	52	赣红	信丰县绿萌农场
9	武宁2号	奉新县猕猴桃资源圃	53	麻毛4号	信丰县绿萌农场
10	武宁1号	奉新县猕猴桃资源圃	54	金艳雄1号	信丰县绿萌农场
11	低酚6号	奉新县猕猴桃资源圃	55	楚红	信丰县绿萌农场
12	金奉	奉新县猕猴桃资源圃	56	麻毛13号	信丰县绿萌农场
13	麻毛49	奉新县猕猴桃资源圃	57	金桃	信丰县绿萌农场
14	奉野1号	奉新县猕猴桃资源圃	58	奉黄3号	奉新县猕猴桃资源圃
15	奉新红肉	奉新县猕猴桃资源圃	59	红阳四倍体	奉新县猕猴桃资源圃
16	武枣1号	奉新县猕猴桃资源圃	60	奉2子一代	奉新县猕猴桃资源圃
17	赣红	奉新县猕猴桃资源圃	61	涂雄1号	涂氏猕猴桃果园
18	麻毛24号	奉新县猕猴桃资源圃	62	涂雄2号	涂氏猕猴桃果园
19	麻毛14号	奉新县猕猴桃资源圃	63	唐雄1号	唐氏猕猴桃果园
20	麻毛12号	奉新县猕猴桃资源圃	64	唐雄2号	唐氏猕猴桃果园
21	麻毛27号	奉新县猕猴桃资源圃	65	小叶雄	涂氏猕猴桃果园
22	麻毛28号	奉新县猕猴桃资源圃	66	红杆雄	涂氏猕猴桃果园
23	麻毛11雄	奉新县猕猴桃资源圃	67	低酚7号	奉新县猕猴桃资源圃
24	麻毛10号	奉新县猕猴桃资源圃	68	奉黄5号	奉新县猕猴桃资源圃
25	麻毛7号	奉新县猕猴桃资源圃	69	赣金3号	奉新县猕猴桃资源圃
26	麻毛21号	奉新县猕猴桃资源圃	70	美实1号	奉新县猕猴桃资源圃
27	赣雄6号	奉新县猕猴桃资源圃	71	奉雄1号	奉新县猕猴桃资源圃
28	华特	信丰县绿萌农场	72	中雄1号	奉新县猕猴桃资源圃
29	金果雄	信丰县绿萌农场	73	毛雄16号	奉新县山维猕猴桃基地
30	毛雄5号	信丰县绿萌农场	74	毛雄12号	奉新县山维猕猴桃基地
31	早红	信丰县绿萌农场	75	毛雄9号	奉新县山维猕猴桃基地
32	苌金8号	信丰县绿萌农场	76	毛雄7号	奉新县山维猕猴桃基地
33	米良1号	信丰县绿萌农场	77	寻溪128	奉新县山维猕猴桃基地
34	东红	信丰县绿萌农场	78	毛雄3号	奉新县山维猕猴桃基地
35	云海1号	信丰县绿萌农场	79	金雄1号	奉新县山维猕猴桃基地
36	苌金1号	信丰县绿萌农场	80	中雄14号	奉新县山维猕猴桃基地
37	翠香	信丰县绿萌农场	81	中雄15号	奉新县山维猕猴桃基地
38	赣猕7号	信丰县绿萌农场	82	中雄23号	奉新县山维猕猴桃基地
39	赣红7号	信丰县绿萌农场	83	中雄38号	奉新县山维猕猴桃基地
40	红华	信丰县绿萌农场	84	过雄1号	过氏猕猴桃果园
41	金桃雄3号	信丰县绿萌农场	85	野雄1号	奉新县山维猕猴桃基地
42	南源2号	信丰县绿萌农场	86	山口红	奉新县山维猕猴桃基地
43	翠玉	信丰县绿萌农场	87	奉黄1号	奉新县山维猕猴桃基地
44	南源1号	信丰县绿萌农场	88	奉黄2号	奉新县山维猕猴桃基地

表6 猕猴桃主要品种（系）及近缘野生种倍性水平

序号	品种	隶属种	倍性	序号	品种	隶属种	倍性
1	赣金1号	中华猕猴桃（A. chinensis）	4X	45	赣金5号	中华猕猴桃（A. chinensis）	4X
2	金果	中华猕猴桃（A. chinensis）	2X	46	金魁雄	中华猕猴桃（A. chinensis）	4X
3	金艳	中华猕猴桃（A. chinensis）	4X	47	麻毛3号	毛花猕猴桃（A. eriantha）	2X
4	红阳	中华猕猴桃（A. chinensis）	2X	48	奉黄雄1号	中华猕猴桃（A. chinensis）	4X
5	宜黄1号	中华猕猴桃（A. chinensis）	4X	49	庐山香	中华猕猴桃（A. chinensis）	4X
6	宜黄2号	中华猕猴桃（A. chinensis）	4X	50	早金	中华猕猴桃（A. chinensis）	2X
7	赣猕6号	毛花猕猴桃（A. eriantha）	2X	51	华优	中华猕猴桃（A. chinensis）	4X
8	金魁	美味猕猴桃（A. deliciosa）	6X	52	赣红	中华猕猴桃（A. chinensis）	4X
9	武宁2号	中华猕猴桃（A. chinensis）	4X	53	麻毛4号	毛花猕猴桃（A. eriantha）	2X
10	武宁1号	中华猕猴桃（A. chinensis）	4X	54	金艳雄1号	中华猕猴桃（A. chinensis）	4X
11	低酚6号	毛花猕猴桃（A. eriantha）	2X	55	楚红	中华猕猴桃（A. chinensis）	4X
12	金奉	中华猕猴桃（A. chinensis）	4X	56	麻毛13号	毛花猕猴桃（A. eriantha）	2X
13	麻毛49	毛花猕猴桃（A. eriantha）	2X	57	金桃	中华猕猴桃（A. chinensis）	4X
14	奉野1号	中华猕猴桃（A. chinensis）	4X	58	奉黄3号	中华猕猴桃（A. chinensis）	4X
15	奉新红肉	中华猕猴桃（A. chinensis）	2X	59	红阳四倍体	中华猕猴桃（A. chinensis）	2X
16	武枣1号	软枣猕猴桃（A. arguta）	6X	60	奉2子一代	中华猕猴桃（A. chinensis）	2X
17	赣红	中华猕猴桃（A. chinensis）	2X	61	涂雄1号	美味猕猴桃（A. deliciosa）	6X
18	麻毛24号	毛花猕猴桃（A. eriantha）	2X	62	涂雄2号	美味猕猴桃（A. deliciosa）	6X
19	麻毛14	毛花猕猴桃（A. eriantha）	2X	63	唐雄1号	美味猕猴桃（A. deliciosa）	6X
20	麻毛12号	毛花猕猴桃（A. eriantha）	2X	64	唐雄2号	美味猕猴桃（A. deliciosa）	6X
21	麻毛27号	毛花猕猴桃（A. eriantha）	2X	65	小叶雄	美味猕猴桃（A. deliciosa）	6X
22	麻毛28号	毛花猕猴桃（A. eriantha）	2X	66	红杆雄	美味猕猴桃（A. deliciosa）	6X
23	麻毛11雄	毛花猕猴桃（A. eriantha）	2X	67	低酚7号	毛花猕猴桃（A. eriantha）	2X
24	麻毛10号	毛花猕猴桃（A. eriantha）	2X	68	奉黄5号	中华猕猴桃（A. chinensis）	4X
25	麻毛7号	毛花猕猴桃（A. eriantha）	2X	69	赣金3号	中华猕猴桃（A. chinensis）	2X
26	麻毛21号	毛花猕猴桃（A. eriantha）	2X	70	美实1号	美味猕猴桃（A. deliciosa）	4X
27	赣雄6号	毛花猕猴桃（A. eriantha）	2X	71	奉雄1号	中华猕猴桃（A. chinensis）	4X
28	华特	毛花猕猴桃（A. eriantha）	2X	72	中雄1号	中华猕猴桃（A. chinensis）	2X
29	金果雄	中华猕猴桃（A. chinensis）	2X	73	毛雄16号	毛花猕猴桃（A. eriantha）	2X
30	毛雄5号	毛花猕猴桃（A. eriantha）	2X	74	毛雄12号	毛花猕猴桃（A. eriantha）	2X
31	早红	中华猕猴桃（A. chinensis）	2X	75	毛雄9号	毛花猕猴桃（A. eriantha）	2X
32	苌金8号	中华猕猴桃（A. chinensis）	4X	76	毛雄7号	毛花猕猴桃（A. eriantha）	2X
33	米良1号	美味猕猴桃（A. deliciosa）	6X	77	寻溪128	毛花猕猴桃（A. chinensis）	2X
34	东红	中华猕猴桃（A. chinensis）	2X	78	毛雄3号	毛花猕猴桃（A. eriantha）	2X
35	云海1号	中华猕猴桃（A. chinensis）	4X	79	金雄1号	中华猕猴桃（A. chinensis）	4X
36	苌金1号	中华猕猴桃（A. chinensis）	4X	80	中雄14号	中华猕猴桃（A. chinensis）	2X
37	翠香	美味猕猴桃（A. deliciosa）	4X	81	中雄15号	中华猕猴桃（A. chinensis）	2X
38	赣猕7号	中华猕猴桃（A. chinensis）	2X	82	中雄23号	中华猕猴桃（A. chinensis）	4X
39	赣红7号	中华猕猴桃（A. chinensis）	2X	83	中雄38号	中华猕猴桃（A. chinensis）	6X
40	红华	中华猕猴桃（A. chinensis）	2X	84	过雄1号	中华猕猴桃（A. chinensis）	2X
41	金桃雄3号	中华猕猴桃（A. chinensis）	4X	85	野雄1号	中华猕猴桃（A. chinensis）	2X
42	南源2号	中华猕猴桃（A. chinensis）	4X	86	山口红	中华猕猴桃（A. chinensis）	2X
43	翠玉	中华猕猴桃（A. chinensis）	4X	87	奉黄1号	中华猕猴桃（A. chinensis）	4X
44	南源1号	中华猕猴桃（A. chinensis）	3X	88	奉黄2号	中华猕猴桃（A. chinensis）	2X

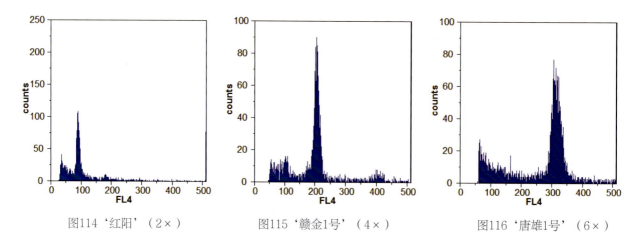

图114 '红阳'（2×）　　　图115 '赣金1号'（4×）　　　图116 '唐雄1号'（6×）

杂的物种之一（刘虹等，2014），目前发现的物种以4X居多，6X较为少见。本次样品在中华猕猴桃中发现有3X倍性水平；毛花猕猴桃倍性水平单一，其栽培种'赣猕6号'和野生近缘种则均为2X，未发现其他倍性水平；软枣采样较少，不具有明显的代表性。

表7 不同种类猕猴桃倍性变异系数表

	平均值	标准差	变异系数
中华猕猴桃（A. chinensis）	3.19X	1.06	33.15%
美味猕猴桃（A. deliciosa）	5.6X	0.84	15.06%
毛花猕猴桃（A. eriantha）	2X	0	0

第六节
猕猴桃花粉研究

猕猴桃为功能性雌雄异株，生产中常因花期不遇、气候因素等原因导致自然授粉不良，需进行人工授粉。猕猴桃产量及育种的效率直接受亲本花粉的活力高低以及能否顺利受精的影响，因此雄株猕猴桃花粉贮藏条件及活力一直是研究的热点。在1981年杨文波等对中华与毛花猕猴桃花粉贮藏条件与活力进行探索（杨文波，1983），之后很多学者对不同猕猴桃花粉进行了类似的研究（安和祥等，1983；梁红等，2006；姚春潮等，2010；舒巧云等，2015；杨红等2015；王斯妤等，2017），发现：①花瓣裂开及当日初开的花粉活力最高，比较适于采粉，花药分离时间及干燥方法对花粉活力均有影响，雄花采后立即分离花药处与干燥速度快的花粉活力较高（陈永安等，2012）。②在贮藏温度较低时，花粉活力保存得较好，花粉活力会随贮藏时间增加而下降；花粉低温贮藏后用36℃以上温度热处理，花粉活力迅速下降。③猕猴桃花粉体外萌发培养基中蔗糖、硼酸和钙离子的浓度、铬离子、培养温度和培养时间均会影响花粉萌发率（姚春潮等，2005；齐秀娟等，2011）。④磁场处理对中华猕猴桃花粉活力有抑制作用王郁民等（1991，1992），用有机溶剂浸泡的方法对猕猴桃的花粉进行保存，在芳香烃中保存效果较佳。⑤使用生长调节剂在一定浓度范围对花粉萌发和花粉管生长的作用各不同（齐秀娟等，2010）。⑥野生猕猴桃间花粉活力有显著的差异，可从野生品种中挖掘出高活力株系应用于生产（吴寒等，2014）。

以前期收集的48份猕猴桃雄株为试验材料，测定其花药数、花粉量、花粉活力并进行聚类和相关性分析研究，探究其丰富的花粉特征性状变异，为筛选不同花期的优良配套授粉雄株提供理论依据和材料基础。

一 方案的确定

以前期收集的来源于中华和美味猕猴桃的48份雄株为试验材料，采集其1～3片幼叶和大蕾期花苞20朵于标记好的自封袋中，迅速放入冰盒并运回实验室处理。

1. 花药数量的记录

随机选取10个大蕾期花苞，用镊子将其花药剥离于A4纸上，清点其花药数量并记录。

2. 花粉量的测定

随机选取50粒花药于2ml离心管中，重复3次，置于28℃恒温箱中24小时使其花粉完全散开，加入200g/L六偏磷酸钠2ml，在旋涡振荡仪上振荡成悬浮液，选取400μl于2ml离心管中，往其中加入1600μl六偏磷酸钠，摇匀，使用血小球计数板，置于显微镜下观察并统计其花粉粒数。

3. 花粉活力的测定

使用体外萌发法，最适固体培养基为10%蔗糖+100mg/L硼酸+10mg/L硝酸钙+0.8%琼脂粉。

将所有的花药剥离后，包在A4纸中，置于28℃恒温箱中烘24小时，使花粉自然散出。用毛笔蘸取少量烘制好的花粉均匀撒在滴有培养基的载玻片上并置于铺好湿润滤纸的培养皿中，在28℃下培养3.5小时后用显微镜下观察，统计其萌发率。花粉是否萌发以花粉管生长长度超过花粉粒直径作为依据，每个品种做3组载玻片，每载玻片选取2个视野进行统计，每个视野花粉粒有50～80个。

二 不同来源的猕猴桃花粉活性差异

利用SPSS Satatistic17.0软件分析的结果表明，采集的雄株在花药数、花粉量和花粉活力指标上差异显著。

供试的猕猴桃样品花药数的范围为30～193个/每朵花，最多的为No.47（193个），最小的为No.37（30个），花粉量范围为1000～23000个/每花药，最多的为No.22（23000个），而最少的是No.4、10、13和43（1000个），且与No.22、27、34有显著性差异，与其他的样品均无显著性差异；花粉活力范围是11.06%～78.61%，最高的为No.30（78.61%），活力最低的为No.29（11.06%）。其中中华猕猴桃雄株花药数处于30～90个/每朵花范围内，平均数为55个/每朵花；花粉量处于1000～23000个/每花药范围内，平均数为7884个/每朵花；花粉活力处于11.06%～78.61%范围内，平均花粉活力为51.62%，变化幅度均较大。而供试材料中的美味猕猴桃雄株花药数处于142～193个/每朵花范围内，平均数为163个/每朵花；花粉量处于3000～5000个/每花药范围内，平均数为4000个/每朵花；花粉活力处于32.67%～53.17%范围内，平均花粉活力为46.31%，变化幅度均较小。由此可见，美味猕猴桃的花药数整体上高于中华猕猴桃，但花粉量和花粉活力整体上低于中华猕猴桃。

三 不同雄株之间花药数、花粉量、花粉活力的聚类分析

对不同雄株之间花药数、花粉量、花粉活力进行聚类性分析，结果如图117所示，以相似系数1083.16为界，将48份样品分成四大类。其中Ⅰ类群，有12个单株，其花粉量变化幅度最大，所有样

品花粉量集中在6000～8000粒范围内；Ⅱ类群有20个单株，其平均花药数最多且花药数变化幅度最大，最大花药数与最小花药数样品均在此类群中；Ⅲ类群有13个单株，平均花粉活力最高。Ⅳ类群有3个单株，平均花粉量最高花药数与花粉活力变化幅

表8 不同猕猴桃雄株花粉性状

编号	隶属种	花药数	花粉量	花粉活力
1	中华猕猴桃（A. chinensis）	46 ± 5	6000 ± 2828	0.3643 ± 0.0638
2	中华猕猴桃（A. chinensis）	53 ± 3	3000 ± 1414	0.7813 ± 0.0466
3	中华猕猴桃（A. chinensis）	49 ± 5	10000 ± 5657	0.2640 ± 0.0719
4	中华猕猴桃（A. chinensis）	48 ± 12	1000 ± 1414	0.5350 ± 0.0959
5	中华猕猴桃（A. chinensis）	47 ± 5	7000 ± 4243	0.4936 ± 0.0466
6	中华猕猴桃（A. chinensis）	55 ± 5	7000 ± 1414	0.3878 ± 0.1969
7	中华猕猴桃（A. chinensis）	58 ± 6	6000 ± 4557	0.5453 ± 0.0480
8	中华猕猴桃（A. chinensis）	53 ± 12	14000 ± 11314	0.5418 ± 0.1823
9	中华猕猴桃（A. chinensis）	59 ± 10	12000 ± 0	0.5632 ± 0.0993
10	中华猕猴桃（A. chinensis）	56 ± 10	1000 ± 1414	0.2699 ± 0.0539
11	中华猕猴桃（A. chinensis）	56 ± +6l	6000 ± 2828	0.2402 ± 0.1204
12	中华猕猴桃（A. chinensis）	55 ± 4	3000 ± 1414	0.5391 ± 0.1448
13	中华猕猴桃（A. chinensis）	57 ± 8	1000 ± 1414	0.3904 ± 0.0259
14	中华猕猴桃（A. chinensis）	64 ± 9	9000 ± 1414	0.3434 ± 0.0732
15	中华猕猴桃（A. chinensis）	52 ± 6	4000 ± 2828	0.2139 ± 0.1233
16	中华猕猴桃（A. chinensis）	47 ± 4	2000 ± 2828	0.1808 ± 0.0589
17	中华猕猴桃（A. chinensis）	50 ± 5	4000 ± 2828	0.4202 ± 0.0560
18	中华猕猴桃（A. chinensis）	63 ± 5	7000 ± 1414	0.6828 ± 0.0948l
19	中华猕猴桃（A. chinensis）	73 ± 3	7000 ± 4243	0.6533 ± 0.0323
20	中华猕猴桃（A. chinensis）	78 ± 6	4000 ± 2828	0.5741 ± 0.077
21	中华猕猴桃（A. chinensis）	53 ± 3	13000 ± 1414	0.5832 ± 0.0981
22	中华猕猴桃（A. chinensis）	50 ± 5	23000 ± 1414	0.6492 ± 0.0917
23	中华猕猴桃（A. chinensis）	39 ± 4	8000 ± 0	0.7768 ± 0.0471
24	中华猕猴桃（A. chinensis）	40 ± 5	10000 ± 2828	0.7273 ± 0.0480
25	中华猕猴桃（A. chinensis）	43 ± 5	8000 ± 2828	0.4790 ± 0.1740
26	中华猕猴桃（A. chinensis）	44 ± 3	15000 ± 1414	0.3464 ± 0.1985
27	中华猕猴桃（A. chinensis）	51 ± 4	19000 ± 4243	0.4500 ± 0.0890
28	中华猕猴桃（A. chinensis）	74 ± 4	10000 ± 2828	0.5775 ± 0.1311
29	中华猕猴桃（A. chinensis）	60 ± 2	4000 ± 2828	0.1106 ± 0.0305
30	中华猕猴桃（A. chinensis）	37 ± 10	8000 ± 0	0.7861 ± 0.0821
31	中华猕猴桃（A. chinensis）	59 ± 18	8000 ± 2828	0.6012 ± 0.1009
32	中华猕猴桃（A. chinensis）	57 ± 9	3000 ± 1414	0.1945 ± 0.0604
33	中华猕猴桃（A. chinensis）	65 ± 13	2000 ± 0	0.6148 ± 0.0652
34	中华猕猴桃（A. chinensis）	53 ± 8	21000 ± 12728	0.7278 ± 0.1043
35	中华猕猴桃（A. chinensis）	50 ± 10	11000 ± 7071	0.5290 ± 0.1234
36	中华猕猴桃（A. chinensis）	50 ± 4	13000 ± 1414	0.7038 ± 0.0874
37	中华猕猴桃（A. chinensis）	40 ± 2	11000 ± 1414	0.5199 ± 0.0542
38	中华猕猴桃（A. chinensis）	30 ± 4	4000 ± 2828	0.7542 ± 0.1302
39	中华猕猴桃（A. chinensis）	90 ± 8	11000 ± 1414	0.5994 ± 0.0802
40	中华猕猴桃（A. chinensis）	61 ± 4	7000 ± 4243	0.7220 ± 0.0310
41	中华猕猴桃（A. chinensis）	66 ± 14	3000 ± 1414	0.2713 ± 0.0840
42	中华猕猴桃（A. chinensis）	73 ± 6	12000 ± 5657	0.7555 ± 0.0846
43	中华猕猴桃（A. chinensis）	56 ± 6	1000 ± 141	0.8140 ± 0.1031
44	美味猕猴桃（A. deliciosa）	142 ± 28	5000 ± 4243	0.3267 ± 0.2162
45	美味猕猴桃（A. deliciosa）	142 ± 4	3000 ± 1414	0.5214 ± 0.1125
46	美味猕猴桃（A. deliciosa）	160 ± 12	4000 ± 2828	0.4257 ± 0.1508
47	美味猕猴桃（A. deliciosa）	193 ± 22	4000 ± 0	0.5317 ± 0.1054
48	美味猕猴桃（A. deliciosa）	177 ± 26	4000 ± 0	0.5102 ± 0.1295

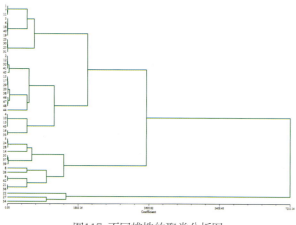

图117 不同雄株的聚类分析图

度最小。结合四大类群的聚类特征可筛选出7份花粉活力大于60%，花粉量大于6000个，花药数多于50个的单株。

由聚类分析图可统计各出四大类群的变异系数，由表9可知，II类群的花药数、花粉活力离散程度与其他类群相比是最大的，而III类群花粉量的离散程度都高于其他三类群，说明花药数、花粉活力在II类群中，花粉量在III类群中具有丰富的遗传多样性。花药数、花粉量以及花粉活力在四大类群中的变异系数变化幅度都比较大，这表明猕猴桃花药数、花粉量以及花粉活力在不同品种中具有遗传多样性。美味猕猴桃雄株花药数、花粉量以及花粉活力的变异系数均低于中华猕猴桃雄株。

在供试的48份不同雄株花粉性状测定中，花药数最多为No.47（193个），最低为No.38（30个），由此可见在同一种内不同品种间差异较大，在本试验测定的花粉量中最高为No.22（23000个），最低为No.4、10、13、43（100个），差异也较大；48份不同雄株中花粉活力最高为No.30（78.61%），最低为No.29（11.09%），参照沈根华等（2008）活力低于30%不宜选作授粉雄株，在所有样品中花粉活力低于30%的达16.67%；总体来看，花药数、花粉量以及花粉活力在同一种内不同品种间存在较大的差异性，其中中华猕猴桃雄株花粉量和花粉活力整体上高于美味猕猴桃，花药数则整体低于美味猕猴桃雄株，齐秀娟等（2011）在这方面也有相同的研究。本研究将48份不同雄株根据其花药数花粉量、花粉活力以及倍性进行聚类分析筛选出7份表现优异的雄株，这7份雄株建议作为长期授粉的雄株。同时试验结果表明，花药数、花粉量以及花粉活力在四大类群中的变异系数相差较大，美味猕猴桃雄株花药数、花粉量以及花粉活力的变异系数均低于中华猕猴桃雄株。这表明猕猴桃的花粉活力、花粉量以及花药数具有很高的遗传多样性，这为猕猴桃的选育工作提供新的方向。研究表明，倍性与花药数之间存在极显著相关性，但与花粉活力之间不存在显著性关系。相关研究表明，相同倍性的雄株与雌株花期具有一定的同步性，因此在考虑花期同步性和结果后种子对果实品质的影响外，培育新的雄株以配对配套的结果雌株时应该参照雌株的倍性水平（李志等，2016）。因此建议在培育优异雄株时，应适当选择倍性较高的雄株增强其花药数以提高授粉效果，改善果实品质。正常情况下，在同一地区高倍体开花时间比低倍体开花时间晚，因此高倍体雄株花粉可以在干燥，低温下贮藏一年后进行授粉。

开展猕猴桃雄株花粉量及花粉活力差异研究，有利于筛选出花粉性状优良的品种（系）进行区域试验，再结合花粉直感效应将授粉后结实率高、品质优的雄性品种（系）选育出来投入实际生产应用或其他研究，对于猕猴桃雌株实现优质高产具有现实意义，探究更为有效、快捷的授粉方式也是今后猕猴桃生产实践的重要研究方向。

表9　四大类群雄株变异系数表

	花药数		花粉量		花粉活力	
	X±S	CV	X±S	CV	X±S	CV
I	53+11	0.2028	7083+793	0.1119	0.5610+0.1735	0.3093
II	82+50	0.6041	3150+1424	0.4519	0.4333+0.7813	0.4290
III	56+15	0.2752	11615+1758	0.1513	0.5607+0.1603	0.2859
IV	47+6	0.1294	17333+6658	0.3841	0.6088+0.1430	0.2348
中华猕猴桃（A.chinensis）	55+12	0.2135	7884+5315	0.6741	0.5162+0.1894	0.3668
美味猕猴桃（A.deliciosa）	163+22	0.1367	4000+707	0.1768	0.4613+0.0871	0.1880

中国猕猴桃地方品种图志

各论

瑞猕 1 号

Actinidia chinensis Planch 'Ruimi 1'

调查编号：YINYLXXB016

所属树种：中华猕猴桃 *Actinidia chinensis* Planch

提 供 人：何中军
电　　话：13507923517
住　　址：江西省瑞昌市农业局

调 查 人：徐小彪、黄春辉、刘科鹏
电　　话：13767008891
单　　位：江西农业大学

调查地点：江西省瑞昌市农业科学研究所

地理数据：GPS数据（海拔：62m，经度：E115°40'12"，纬度：N29°40'48"）

样本类型：果实、种子、枝条、叶片

生境信息

来源于江西省瑞昌市农业科学研究所，栽植于坡度为15°的丘陵山地，土壤质地为红壤土。现存30株。

植物学信息

1. 植株情况

植株生长势较强，成枝率高。

2. 植物学特征

果实着生在结果枝的1~6节叶腋间，多数着生在2~4节上。新梢表面有短茸毛，密度中等；1年生枝平均节间长4.72cm，直径1.11cm，皮孔多为长梭形，其次为椭圆形；结果母枝平均节间长5.70cm，直径1.06cm。幼叶叶片和叶柄正面均有花青素着色，幼叶尖端形状锐尖，幼叶基部相接。成熟叶片广卵形，正面波皱度中等，叶长12.58cm，宽13.90cm，叶柄长8.72cm，叶正面深绿色无茸毛，叶背淡绿色茸毛，数量中等。

3. 果实性状

果实圆柱形，整齐均匀，果皮淡黄色，被有稀疏的容易脱落的短茸毛，果实外形美观。平均单果重111g，最大果重140g。果实纵径6.55cm，横径5.28cm，侧径约5.00cm，果柄长5.26cm。果肉金黄色，质细多汁，稍有香味。维生素C含量159.40~170.60mg/100g，含糖量12.6%，含酸量1.48%，可溶性固形物含量15.4%，风味甜酸。果实在冷藏条件下可贮藏100天，货架期7~10天。适于加工果汁，为中熟鲜食加工兼用品种。

4. 生物学习性

3年生植株的枝条总数62个，结果枝共35个，占56.5%，其中长果枝占14.3%，中果枝占40.0%，短果枝占45.1%，以中、短果枝结果为主。生长势强，3年开始结果，副梢结实力强，全树成熟期一致。萌芽期3月初，展叶期3月中下旬，盛花期4月中下旬，新梢迅速生长期4月上旬开始，果实成熟期9月下旬，11月中下旬落叶。

品种评价

果形均匀美观，优质，较丰产，果肉金黄色，中熟品种。

植株

花

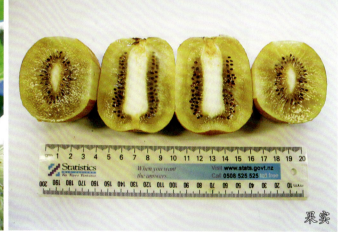

果实

叶片

果实

山口1号

Actinidia chinensis Planch 'Shankou 1'

◎ 调查编号：YINYLXXB017

🏷 所属树种：中华猕猴桃 *Actinidia chinensis* Planch

📄 提 供 人：涂贵庆、李帮明
电　　话：13870565679
住　　址：江西省宜春市奉新县农业局

📷 调 查 人：徐小彪、黄春辉、高　洁
电　　话：13767008891
单　　位：江西农业大学

📍 调查地点：江西省奉新县赤岸镇城下村山口组

🌐 地理数据：GPS数据（海拔：75m，经度：E115°19'9"，纬度：N28°41'25"）

🖼 样本类型：果实、种子、枝条、叶片

📋 生境信息

来源于江西省奉新县猕猴桃研究所，栽植于坡度为10°的小丘陵地，土壤质地为红壤土。树龄15年，现存10株。

📋 植物学信息

1. 植株情况

树势中等，生长势中等。

2. 植物学特征

植株以短果枝和短缩果枝为主。新梢表面有短茸毛，密度中等，新梢生长点有花青素着色；1年生枝平均节间长5.27cm，直径1.17cm，皮孔多长梭形；结果母枝平均节间长2.29cm，直径0.94cm。幼叶叶片和叶柄正面均无花青素着色，幼叶尖端呈圆形，幼叶基部开型。成熟叶片超广卵形，正面波皱度中等，叶长12.69cm，宽13.57cm，叶正面深绿色无茸毛，叶背淡绿色，茸毛中等，叶柄长12.28cm。

3. 果实性状

果实近圆形，纵径4.72cm，横径5.52cm，果肩方形；果喙端平，果柄长4.67cm。果皮黄褐色，被有黄褐色短茸毛，密度中等，且分布均匀，果皮表面皮孔凸出。果实花萼环明显，萼片宿存。单果重92～110g，最大果重155g；果肉绿黄色，质细多汁，酸甜味浓，有香气，果实维生素C含量120～480mg/100g。无采前落果。在中华猕猴桃中贮藏性较好，常温下可贮藏25～30天，冷藏条件下可贮藏120天。

4. 生物学习性

3年开始结果，副梢结实力强，全树成熟期一致；萌芽期3月初，展叶期3月中下旬，盛花期4月中下旬，新梢迅速生长期4月上旬开始，果实成熟期9月中旬，11月中旬落叶。该品种坐果率高、早果、丰产稳产、抗风、耐高温。适于我国中南部地区栽培，鲜食，亦可作为浓缩汁加工的主要品种。

📋 品种评价

早果、优质，高产，结果性能好，贮藏性较好，早熟品种。

植株

叶片

花

果实

山口 2 号

Actinidia chinensis Planch 'Shankou 2'

调查编号： YINYLXXB018

所属树种： 中华猕猴桃 *Actinidia chinensis* Planch

提 供 人： 涂贵庆、李帮明
电　　话： 13870565679
住　　址： 江西省宜春市奉新县农业局

调 查 人： 徐小彪、黄春辉、汤佳乐
电　　话： 13767008891
单　　位： 江西农业大学

调查地点： 江西省奉新县赤岸镇城下村山口组

地理数据： GPS数据（海拔：75m，经度：E115°19'9"，纬度：N28°41'25"）

样本类型： 果实、种子、枝条、叶片

生境信息

来源于江西省奉新县猕猴桃研究所，栽植于坡度为10°的小丘陵地，土壤质地为红壤土。树龄17年，现存5株。

植物学信息

1. 植株情况

植株树势强，生长势强，成枝率高。

2. 植物学特征

新梢表面密被褐色短茸毛，新梢生长点及叶柄均无花青素着色。1年生枝棕褐色，上具浅黄色皮孔，多为短梭形。老枝灰褐色，皮孔较粗，多为短梭形。成熟叶片超广倒卵形，正面深绿色，具弱波皱，背面浅绿色，叶脉明显，具浅黄色短茸毛。花白色，聚伞花序，花序上花数1~3枚，单花花瓣数5~7片。

3. 果实性状

果实椭圆形，果实大，平均果重91.8~110.3g，最大果重可达169g左右，果形端正、整齐一致，纵径6.73cm，横径5.28cm，侧径4.93cm。果喙圆，花萼环明显，果肩方形，果皮棕褐色略带红色，被密集黄褐色短茸毛，且不易脱落。成熟期干物质含量11.34%，可溶性固形物含量10.78%，果肉黄色，质细、汁多，甜酸适口，有清香。

4. 生物学习性

生长势强，3年开始结果，副梢结实力强，全树成熟期一致。萌芽期3月初，展叶期3月中下旬，盛花期4月中下旬，新梢迅速生长期4月上旬开始，果实成熟期10月上旬，11月中旬落叶。以中长果枝结果为主，连续结果强，无生理落果和采前落果。抗高温，抗风，适应性强。

品种评价

该品种结果早，果肉金黄色，丰产、稳产、优质、耐贮藏，抗逆性强，加工性好，是鲜食和加工兼用的优良品种。

果实

花

叶片

植株

果实

庐山1号

Actinidia chinensis Planch 'Lushan 1'

○ 调查编号：YINYLXXB019

■ 所属树种：中华猕猴桃 *Actinidia chinensis* Planch

■ 提 供 人：虞志军
电　　话：13607920550
住　　址：江西省庐山植物园

■ 调 查 人：徐小彪、黄春辉、葛翠莲
电　　话：13767008891
单　　位：江西农业大学

● 调查地点：江西省庐山植物园

● 地理数据：GPS数据（海拔：1150m，
经度：E115°58'28.55"，纬度：N29°32'58.06"）

■ 样本类型：果实、种子、枝条、叶片

生境信息

来源于江西省庐山植物园，栽植于坡度约为20°的山坡地，土壤质地为砂壤土。树龄13年，现存3株。

植物学信息

1. 植株情况

树势强，生长势强。

2. 植物学特征

1年生枝浅褐色，被灰白色茸毛，老时秃净。嫩叶黄绿色，老叶暗绿色，叶背淡绿色，密被灰白色极短茸毛，叶纸质、近圆形。花大、色白，有单花、双花和三花，聚伞花序。幼叶叶片和叶柄正面均无花青素着色，幼叶尖端呈圆形，幼叶基部相接。成熟叶片广卵形，正面波皱度中等，叶长12.58cm，宽15.57cm，叶正面深绿色，叶背面浅白绿色，被黄褐色茸毛，密度中等。

3. 果实性状

果实卵圆形，略尖，果实纵径6.27cm，横径4.99cm，果肩方形；果喙端微尖凹，果柄长6.43cm。果皮表面皮孔凸出。果实花萼环明显，萼片宿存。果皮薄，果面棕褐色，有短茸毛易脱落，有光泽；平均单果质量86.5g，最大单果质量125g，果肉淡黄色，有香气，肉质细嫩，多汁，风味甜酸可口。果实可溶性固形物含量15.06%～17.80%，维生素C含量71.42mg/100g，总糖含量8.71%，可滴定酸含量1.48%，品质上乘；种子紫褐色，较少，平均每果550粒，千粒种子重约1.5g。较耐贮藏，常温下可贮藏20天。

4. 生物学习性

3年开始结果，副梢结实力强，全树成熟期一致；在江西省庐山地区，萌芽期3月中下旬，展叶期4月上旬，盛花期5月中下旬，新梢迅速生长期4月中旬开始，果实成熟期10月上中旬，11月中下旬落叶。

品种评价

果实均匀一致，优质，高产，耐贮性较好，果肉淡黄色，中熟品种。

植株

花

叶片

果实

果实

仙红

Actinidia chinensis Planch 'Xianhong'

调查编号：YINYLXXB020

所属树种：中华猕猴桃 *Actinidia chinensis* Planch

提 供 人：涂贵庆、李帮明
电　　话：13870565679
住　　址：江西省宜春市奉新县农业局

调 查 人：徐小彪、黄春辉、吴　寒
电　　话：13767008891
单　　位：江西农业大学

调查地点：江西省奉新县赤岸镇城下村山口组

地理数据：GPS数据（海拔：75m，经度：E115°19'9"，纬度：N28°41'25"）

样本类型：果实、种子、枝条、叶片

生境信息

来源于江西省奉新县猕猴桃研究所，栽植于坡度为10°的丘陵地，土壤质地为砂壤土，树龄8年。现存15株。

植物学信息

1. 植株情况

植株树势中等，生长势中等。

2. 植物学特征

新梢表面密被褐色短茸毛，新梢生长点无花青素着色；1年生枝黄褐色，平均节间长6.63cm，直径1.02cm，皮孔较粗，多短梭形或有长梭形，数量多，白色。结果母枝黄褐色，直径0.81cm。老枝棕褐色，上皮孔褐色，短梭形，数量中等。幼叶叶片有花青素着色，幼叶尖端尾状，幼叶基部开。成熟叶片超广卵形，正面波皱度较浅，叶长13.23cm，宽12.01cm，叶正面深绿色，无茸毛，叶背浅绿色，茸毛中等，叶脉明显。叶柄长5.76cm，无花青素着色，上有微黄色茸毛。花单生，花瓣白色，5～6片。

3. 果实性状

果实短梯形，纵径5.92cm，横径4.89cm，侧径4.23cm，果肩方形；果喙端浅凸，果柄长4.13cm。果实中大，单果重75～95g；果皮黄绿色，均匀被有中等偏少的黄褐色短茸毛，果皮表面有棕色皮孔凸出。果实花萼环明显，萼片宿存。果皮绿褐色，果肉黄绿色或黄色，种子外侧果肉红色；肉质细嫩，香甜有香气；果实可溶性固形物含量达20.2%，维生素C含量165.5mg/100g；早果性好、丰产性较强。果实常温下可贮藏20～25天。

4. 生物学习性

生长势中等，3年开始结果，抽生结果枝部位1～2节，数量2～5个，萌芽率约91%，成枝率约77%，结果枝率约89%；副梢结实力较强，连续结果能力强，全树成熟期一致；萌芽期3月初，展叶期3月中下旬，盛花期4月中下旬，新梢迅速生长期4月上旬开始，果实成熟期9月上旬，11月中旬落叶。

品种评价

优质，较丰产，味浓甜，黄肉红心，较耐贮藏，早熟品种。

植株

花

叶片

果实

赣金 1 号

Actinidia chinensis Planch 'Ganjin 1'

🔘 调查编号：YINYLXXB021

🏷 所属树种：中华猕猴桃 *Actinidia chinensis* Planch

📄 提供人：涂贵庆、李帮明
　　电话：13870565679
　　住址：江西省宜春市奉新县农业局

📋 调查人：徐小彪、黄春辉、张晓慧
　　电话：13767008891
　　单位：江西农业大学

📍 调查地点：江西省奉新县赤岸镇城下村山口组

🌐 地理数据：GPS数据（海拔：75m，经度：E115°19'9"，纬度：N28°41'25"）

🖼 样本类型：果实、种子、枝条、叶片

🗒 生境信息

来源于江西省奉新县猕猴桃研究所，栽植于坡度为10°的丘陵地，土壤质地为砂壤土，树龄10年。现存20株。

📋 植物学信息

1. 植株情况

树势中等，成枝率较高。

2. 植物学特征

新梢表面被少量短茸毛；1年生枝灰白色，平均节间长3.35cm，直径1.06cm，皮孔多长梭形，少量短梭形；结果母枝褐色，平均节间长3.39cm，直径0.85cm。幼叶叶片和叶柄正面均有花青素着色，幼叶尖端锐尖，幼叶基部相接。成熟叶片广卵形，正面波皱度中等，叶长13.21cm，宽14.07cm，叶正面深绿色，被短茸毛，叶背淡绿色，茸毛稀少，叶脉明显。叶柄长11.92cm，淡绿色，多白色茸毛。花单生，花瓣白色，6～8片。萼片5～6，有褐色茸毛。

3. 果实性状

果实多卵圆形，少量柱形；果实纵径5.49cm，横径4.52cm；果喙端多尖形，果柄长5.30cm。平均单果重89.2g，最大果重115g；果皮黄褐色，被有黄褐色短茸毛，密度中等，且分布均匀，果皮表面皮孔凸出。果实花萼环明显，萼片宿存。果肉黄色，髓射线明显，肉质细腻，品质上等。果实可溶性固形物含量18.9%，维生素C含量51.71mg/100g。果实耐贮藏，常温下可贮藏30～45天。

4. 生物学习性

结果性能高，萌芽力率高达87.3%；连续结果能力强，徒长枝及多年生枝均可成为结果母枝，坐果率高达92%，落花落果少，果实成熟期为9月上旬，果实生育期162天。丰产性好，异位高接子一代第二年平均株产5.4kg，第四年平均株产20.1kg。

📋 品种评价

高产，优质，适应性较广，果肉金黄，风味香甜，较耐贮藏，早熟品种。

植株

花

果实

叶片

果实

绿实 1 号

Actinidia deliciosa（A.Chev.）'Lvshi 1'

🔘 调查编号：YINYLXXB022

🏷️ 所属树种：美味猕猴桃 *Actinidia deliciosa*（A.Chev.）C. F. Liang et A. R. Ferguson

📄 提 供 人：涂贵庆、李帮明
电　　话：13870565679
住　　址：江西省宜春市奉新县农业局

📋 调 查 人：徐小彪、黄春辉、郎彬彬
电　　话：13767008891
单　　位：江西农业大学

📍 调查地点：江西省奉新县赤岸镇城下村山口组

🌐 地理数据：GPS数据（海拔：75m，经度：E115°19'9"，纬度：N28°41'25"）

🖼️ 样本类型：果实、种子、枝条、叶片

📋 生境信息

来源于江西省奉新县猕猴桃研究所，栽植于坡度为10°的丘陵地，土壤质地为砂壤土，树龄12年。现存3株。

📋 植物学信息

1. 植株情况

植株树势强健，生长势强。

2. 植物学特征

新梢枝条绿褐色，表面有中等密度淡黄褐色刚毛，新梢生长点无花青素着色。1年生枝黄褐色，具灰色短茸毛，密度中等，平均节间长3.74cm，直径1.17cm，1年生枝具短梭形与长梭形皮孔，数量多，褐色。老枝棕褐色带紫色，老枝树皮开裂，上有棕色皮孔，数量中等，数量少。幼叶叶片有少量花青素着色，细叶与成叶叶柄正面均无花青素着色，幼叶尖端呈尾状，幼叶基部广开。成熟叶片超广卵形，正面波皱度中等，叶长19.64cm，宽14.06cm，叶正面深绿色无茸毛，叶背淡绿色，茸毛中等，叶脉明显。叶柄长6.62cm，淡绿色，多白色茸毛。花多单生，花瓣白色，5～7片。萼片5～6，有褐色茸毛。

3. 果实性状

果实长椭圆形，较美观，果实纵径6.49cm，横径4.82cm，侧径4.06cm；果喙端平，果柄长4.30cm。平均单果重102.5g，最大果重127.6g；果皮绿褐色，被有黄褐色刚毛，密度多，且分布均匀，果皮表面皮孔凸出。果实花萼环明显，萼片宿存。果肉绿色，髓射线明显，肉质细腻，风味浓，品质上等。果实可溶性固形物含量达17.8%，维生素C含量205.5mg/100g。果实耐贮藏，常温下可贮藏3个月。

4. 生物学习性

结果性能高，萌芽力率高达88.6%；连续结果能力强，徒长枝及多年生枝均可成为结果母枝，坐果率高达93%，落花落果少，果实成熟期10月下旬至11月初，果实生育期168天。丰产性好，异位高接子一代第二年平均株产7.8kg，第四年平均株产26.5kg。耐热性强，抗湿性好，田间未发现溃疡病危害。

📋 品种评价

高产，优质，果形端正，适应性较广，绿肉品种，晚熟，六倍体，耐贮藏。

植株

花

叶片

果实

果实

赣金2号

Actinidia chinensis Planch 'Ganjin 2'

🔘 调查编号：YINYLXXB023

🔖 所属树种：中华猕猴桃 *Actinidia chinensis* Planch

📄 提 供 人：涂贵庆、李帮明
　　电　　话：13870565679
　　住　　址：江西省宜春市奉新县农业局

📇 调 查 人：徐小彪、黄春辉、谢　敏
　　电　　话：13767008891
　　单　　位：江西农业大学

📍 调查地点：江西省奉新县赤岸镇城下村山口组

🌐 地理数据：GPS数据（海拔：75m，经度：E115°19'9"，纬度：N28°41'25"）

🖼 样本类型：果实、种子、枝条、叶片

📋 生境信息

来源于江西省奉新县猕猴桃研究所，栽植于坡度为10°的丘陵地，土壤质地为砂壤土，树龄10年。现存10株。

📋 植物学信息

1. 植株情况

树势强健，生长势强，成枝率高。

2. 植物学特征

新梢表面被稀少短茸毛，新梢生长点无花青素着色；1年生枝黄褐色，平均节间长4.41cm，直径0.95cm，皮孔多短梭形，数量多，黄色。结果母枝黄褐色，平均节间长2.35cm，直径0.81cm。老枝棕褐色，上皮孔棕色，短梭形，数量中等。幼叶叶片和叶柄正面均有花青素着色，幼叶尖端渐尖，幼叶基部相接。成熟叶片超广卵形，正面波皱度较浅，叶长9.86cm，宽12.19cm，叶正面深绿色，无茸毛，叶背中绿带褐色，茸毛中等，叶脉明显。叶柄长6.11cm，上有淡黄色细茸毛。单花或聚伞花序，每花序1~3朵花，花瓣白色，5~7片。

3. 果实性状

果实广椭圆形，纵径4.30cm，横径4.25cm；果喙端微尖，果柄长4.30cm。平均单果重99.6g，最大果重127.8g；果皮褐色，均匀被有中等偏少的黄色短茸毛，果皮表面皮孔凸出。果实花萼环明显，萼片宿存。果肉金黄色，髓射线明显，肉质细腻，味甜有香气，风味浓郁，品质上等。果实可溶性固形物含量可达19.2%，维生素C含量187.5mg/100g。果实耐贮藏，常温下可贮藏30~45天。

4. 生物学习性

结果性能高，萌芽力率高达92.5%；连续结果能力强，徒长枝及多年生枝均可成为结果母枝，坐果率高达96.5%，落花落果少，果实生育期170天，果实成熟期9月下旬至10月上旬。丰产性好，异位高接子一代第二年平均株产8.85kg，第四年平均株产27.5kg。耐热性强，抗湿性好，田间未发现溃疡病危害。

📋 品种评价

高产，优质，适应性较广，黄肉品种，风味香甜，耐贮藏，四倍体，中熟品种。

植株

花

果实

叶片

果实

赣金3号

Actinidia chinensis Planch 'Ganjin 3'

- 调查编号：YINYLXXB024

- 所属树种：中华猕猴桃 *Actinidia chinensis* Planch

- 提供人：涂贵庆、李帮明
  电　话：13870565679
  住　址：江西省宜春市奉新县农业局

- 调查人：徐小彪、黄春辉、张文标
  电　话：13767008891
  单　位：江西农业大学

- 调查地点：江西省奉新县赤岸镇城下村山口组

- 地理数据：GPS数据（海拔：75m，经度：E115°19'9"，纬度：N28°41'25"）

- 样本类型：果实、种子、枝条、叶片

生境信息

来源于江西省奉新县猕猴桃研究所，栽植于坡度为10°的丘陵地，土壤质地为砂壤土，树龄8年。现存50株。

植物学信息

1. 植株情况

树势强健，生长势强，成枝率高。

2. 植物学特征

新梢表面有短茸毛，密度中等，新梢生长点无花青素着色；1年生枝黄褐色，平均节间长6.82cm，直径1.29cm，皮孔多点状或短椭圆形；结果母枝褐色，平均节间长1.86cm，直径0.89cm。幼叶叶片和叶柄正面均有花青素着色，叶柄有密被的浅棕色短茸毛。幼叶尖端锐尖，幼叶基部浅重叠。成熟叶片超广倒卵形，叶尖凹或锐尖，叶长12.34cm，宽14.25cm，叶正面深绿色无茸毛，叶背淡绿色茸毛，数量中等，正面波皱度浅，叶脉明显。叶柄长9.25cm，淡绿色，多白色茸毛。花单生或聚伞花序，每花序1~3朵花，花瓣白色，6~8片。

3. 果实性状

果实宽椭圆形，纵径6.57cm，横径4.21cm；果喙端尖形，果柄长3.17cm。平均单果重93.90g，最大果重127.5g；果皮黄褐色，果实少被黄色茸毛，分布均匀，果皮表面皮孔凸出。果实花萼环明显，萼片宿存。果肉金黄色，髓射线明显，肉质细腻，风味浓郁，品质上等。果实可溶性固形物含量可达15.73%，维生素C含量52.75mg/100g。果实耐贮藏，常温下可贮藏50~70天。

4. 生物学习性

结果性能高，萌芽力率高达95.0%；连续结果能力强，徒长枝及多年生枝均可成为结果母枝，坐果率高达96%，落花落果少，果实生育期172天，果实成熟期10月中下旬。丰产性好，异位高接子一代第二年平均株产8.5kg，第四年平均株产28.5kg。耐热性强，抗湿性好，田间未发现溃疡病危害。

品种评价

丰产，优质，适应性较广，黄肉品种，甜酸可口，耐贮藏，四倍体，晚熟。

植株

花

叶片

果实

赣金4号

Actinidia chinensis Planch 'Ganjin 4'

调查编号：YINYLXXB025

所属树种：中华猕猴桃 *Actinidia chinensis* Planch

提 供 人：涂贵庆、李帮明
电　　话：13870565679
住　　址：江西省宜春市奉新县农业局

调 查 人：徐小彪、黄春辉、刘科鹏
电　　话：13767008891
单　　位：江西农业大学

调查地点：江西省奉新县赤岸镇城下村山口组

地理数据：GPS数据（海拔：75m，经度：E115°19'9"，纬度：N28°41'25"）

样本类型：果实、种子、枝条、叶片

生境信息

来源于江西省奉新县猕猴桃研究所，栽植于坡度为10°的丘陵地，土壤质地为砂壤土，树龄8年。现存10株。

植物学信息

1. 植株情况

植株树势强健，生长势强，成枝率高。

2. 植物学特征

新梢表面有短茸毛，密度中等，新梢生长点无花青素着色；1年生枝黄褐色，平均节间长6.12cm，直径1.29cm，皮孔多为点状或短椭圆形；结果母枝褐色，平均节间长1.53cm，直径0.79cm。幼叶叶片和叶柄正面均有花青素着色，叶柄密被浅棕色短茸毛。幼叶尖端锐尖，幼叶基部浅重叠。成熟叶片超广倒卵形，叶尖凹或锐尖，叶长10.13cm，宽12.37cm，叶正面深绿色无茸毛，叶背淡绿色茸毛中等，正面波皱度浅，叶脉明显。叶柄长8.34cm，淡绿色，多白色茸毛。花单生，花瓣白色，6~8片。

3. 果实性状

果实近椭圆形，纵径5.17cm，横径4.16cm，果喙端呈微尖形，果柄长3.17cm。平均单果重86.90g，最大果重115.0g；果皮黄褐色，果实有茸毛，中等，黄色，分布均匀，果皮表面皮孔凸出。果实花萼环明显，萼片宿存。果肉金黄色，髓射线明显，肉质细腻，味甜香气浓郁，品质上等。果实可溶性固形物含量可达22.18%，维生素C含量55.05mg/100g。果实耐贮藏，常温下可贮藏45~60天。

4. 生物学习性

结果性能较高，萌芽力率可达88.6%；连续结果能力较强，徒长枝及多年生枝均可成为结果母枝，坐果率高达91.5%，落花落果少，果实生育期170天，果实成熟期10月下旬。丰产性好，异位高接子一代第二年平均株产6.5kg，第四年平均株产20.5kg。耐热性强，抗湿性好，田间未发现溃疡病危害。

品种评价

高产，优质，适应性较广，黄肉品种，风味浓甜，有香气，耐贮藏，四倍体，晚熟。

果实

植株

叶片

花

果实

罗溪1号

Actinidia chinensis Planch 'Luoxi 1'

调查编号：YINYLXXB026

所属树种：中华猕猴桃 *Actinidia chinensis* Planch

提 供 人：葛翠莲
电　　话：18679128623
住　　址：江西省九江市武宁县农业局

调 查 人：徐小彪、黄春辉、汤佳乐
电　　话：13767008891
单　　位：江西农业大学

调查地点：江西省九江市武宁县罗溪乡傅家村

地理数据：GPS数据（海拔：580m，经度：E114°59'39"，纬度：N29°05'13"）

样本类型：果实、种子、枝条、叶片

生境信息

来源于当地，栽植于坡度为25°的丘陵山地，土壤质地为砂壤土，树龄15年。现存1株。

植物学信息

1. 植株情况

植株树势强，树姿开张，成枝率高。

2. 植物学特征

主干黑褐色；枝条较密。1年生枝淡褐红色，节间5~6cm。结果枝平均结果4~5个，丰产性好。多年生枝灰褐色，1年生枝暗红褐色，皮孔呈长圆柱形，节间平均长2.8cm。芽近圆形，呈黄褐色，芽眼不外露。叶片椭圆形，浓绿色，叶长14.4cm，宽10.0cm，叶厚、纸质，叶缘单锯齿；叶背浅绿色，布有细茸毛，叶柄黄褐色，长12.9cm，粗0.8cm。雌花为聚伞花序，每个花序多有3朵小花，花冠直径3.8~4.5cm，花瓣乳白色，多为5~6瓣。

3. 果实性状

果实短圆柱形，纵径6.5cm，横径5.6cm，侧径5.3cm，果实大而均匀，平均单果重78.0g，最大单果重124.0g。果面黄褐色，果顶部密被灰色短茸毛，果顶微凸，果蒂部平，果梗长4.2cm。果心小，含有种子520粒左右。果实采收时可溶性固形物含量7.1%，果实后熟时可溶性固形物含量14%~16%，干物质含量17.1%。果肉淡黄色，汁液多，酸甜适口，品质上等。

4. 生物学习性

生长势健壮，萌芽率48.0%，成枝力较强。结果枝占枝条的83.0%，以长果枝结果为主，长果枝、中果枝分别占果枝的50.0%、27.0%，枝可坐果4~6个。3年生嫁接树平均株产15.2kg，连续结果能力强，丰产、稳产。在武宁地区，2月下旬树液开始流动，3月上旬萌芽，3月中旬展叶，3月下旬至4月上旬现蕾，4月中旬始花，4月下旬进入盛花期，花期持续9~10天。9月中下旬果实成熟，11月下旬至12月初落叶。果实较耐贮藏，常温下可贮藏25天左右。

品种评价

高产，优质，抗逆性强，黄肉品种，四倍体，中熟。

果实

生境

植株

花

果实

罗溪2号

Actinidia chinensis Planch 'Luoxi 2'

○ 调查编号：YINYLXXB027

所属树种：中华猕猴桃 *Actinidia chinensis* Planch

提 供 人：葛翠莲
电　　话：18679128623
住　　址：江西省九江市武宁县农业局

调 查 人：徐小彪、黄春辉、汤佳乐
电　　话：13767008891
单　　位：江西农业大学

调查地点：江西省九江市武宁县罗溪乡
傅家村

地理数据：GPS数据（海拔：580m，
经度：E114°59'39"，纬度：N29°05'13"）

样本类型：果实、种子、枝条、叶片

生境信息

来源于当地，栽植于坡度为20°的丘陵山地，土壤质地为砂壤土。现存1株。

植物学信息

1. 植株情况

树势较强，树姿直立，树高4.5m。

2. 植物学特征

主干黑褐色，枝条较密。1年生枝褐红色，节间5~6cm。多年生枝灰褐色，皮孔呈长圆柱形，节间平均长2.6cm。芽近圆形，呈黄褐色，芽眼不外露。叶片椭圆形，浓绿色，叶长14.6cm，宽10.4cm，叶厚、纸质，叶缘单锯齿；叶背浅绿色，布有细茸毛，叶柄黄褐色，长12.3cm，粗0.6cm。雌花为聚伞花序，每个花序多有3朵小花，花冠直径3.6~4.3cm，花瓣乳白色，多为5~6瓣。

3. 果实性状

果实卵圆形，果顶有喙，平均单果重62.8g，果皮淡黄绿色，果肉黄色，果实均匀一致。果实采收时可溶性固形物含量6.7%，果实后熟时可溶性固形物含量16.3%，干物质含量16.6%。果肉黄色，汁液多，酸甜适口，风味较浓，品质上等。

4. 生物学习性

生长势健壮，萌芽率47.0%，成枝力较强。结果枝占枝条的85.0%，以长果枝结果为主，长果枝、中果枝分别占果枝的50.0%、27.0%，可坐果4~6个。3年生嫁接树平均株产15.6kg，连续结果能力强，丰产、稳产。在武宁地区，2月下旬树液开始流动，3月上旬萌芽，3月中旬展叶，3月下旬至4月上旬现蕾，4月中旬始花，4月下旬进入盛花期，花期持续9~10天。9月中下旬果实成熟，11月下旬至12月初落叶。果实较耐贮藏，常温下可贮藏25天左右。

品种评价

丰产稳产，抗逆性强，果形整齐，果顶有喙，黄肉品种，四倍体，中晚熟。

生境

花

果实

果实

果实

罗溪3号

Actinidia chinensis Planch 'Luoxi 3'

调查编号：YINYLXXB028

所属树种：中华猕猴桃 *Actinidia chinensis* Planch

提 供 人：葛翠莲
电　　话：18679128623
住　　址：江西省九江市武宁县农业局

调 查 人：徐小彪、黄春辉、汤佳乐
电　　话：13767008891
单　　位：江西农业大学

调查地点：江西省九江市武宁县罗溪乡傅家村

地理数据：GPS数据（海拔：580m，经度：E114°59'39"，纬度：N29°05'13"）

样本类型：果实、种子、枝条、叶片

生境信息

来源于当地，栽植于坡度为25°的丘陵山地，土壤质地为砂壤土。现存1株。

植物学信息

1.植株情况

树势强，树姿开张，树高为6m。

2.植物学特征

主干黑褐色，枝条较密。1年生枝褐红色，节间5～6cm。多年生枝灰褐色，皮孔呈长圆柱形，节间平均长5～6cm。芽近圆形，呈黄褐色，芽眼不外露。叶片椭圆形，浓绿色，叶长15.6cm，宽11.3cm，叶厚、纸质，叶缘单锯齿；叶背浅绿色，布有细茸毛，叶柄黄褐色，长12.5cm，粗0.7cm。雌花为聚伞花序，每个花序多有3朵小花，花冠直径3.6～4.3cm，花瓣乳白色，多为5～6瓣。

3.果实性状

果实近圆形，平均单果重99.7g，果皮黄褐色，果肉黄色，汁液多，酸甜适口，风味较浓，品质上等。果实采收时可溶性固形物含量6.3%，果实后熟时可溶性固形物含量11.7%～13.6%，干物质含量16.1%。

4.生物学习性

生长势健壮，萌芽率47.0%，成枝力较强。结果枝占枝条的85.00%，以长果枝结果为主，长果枝、中果枝分别占果枝的50.5%、28.0%，结果枝平均结果4～5个。3年生嫁接树平均株产15.2kg，连续结果能力强，丰产、稳产。在武宁地区，2月下旬树液开始流动，3月2～6日萌芽，3月11～13日展叶，3月30日至4月10日现蕾，4月17日始花，4月22～24日盛花，4月27～28日终花，花期持续9～10天。3月20日新梢开始生长，6月中旬第一次新梢停止生长。5月上旬至6月上中旬为果实迅速膨大期，10月中下旬果实成熟，11月下旬至12月初落叶。果实常温下可贮藏30天左右。

品种评价

高产，果较大，抗逆性强，黄肉品种，四倍体，晚熟。

生境

植株

花

果实

果实

麻毛10号

Actinidia eriantha Benth 'Mamao 10'

调查编号：YINYLXXB029

所属树种：毛花猕猴桃 *Actinidia eriantha* Benth

提 供 人：符士
电　　话：18179403588
住　　址：江西省抚州市南城县农业局

调 查 人：徐小彪、黄春辉、谢　敏
电　　话：13767008891
单　　位：江西农业大学

调查地点：江西省抚州市宜黄县南源乡

地理数据：GPS数据（海拔：700m，
经度：E116°24'39.96"，纬度：N27°29'5.90"）

样本类型：果实、种子、枝条、叶片

生境信息

来源于当地，野生于旷野中坡度为45°的坡地，该土地为原始林，土壤质地为砂壤土。现存1株。

植物学信息

1. 植株情况

植株生长势较强，成枝率高。

2. 植物学特征

新梢密被短茸毛，1年生枝阳面灰白色，表皮光滑，密被白色短茸毛，平均粗0.82cm，节间平均长5.32cm，芽座微凸呈垂直状；多年生枝灰褐色，皮孔长椭圆形或圆形，呈淡黄色，数量少。伞房花序，单花序中的有效花数为3朵，中心花花梗平均长1.79cm，侧花花梗平均长0.76cm；花冠直径3.27cm；花萼2～3裂，平均花萼2.8枚，花萼白色，密被茸毛；花瓣粉红色，花瓣基部萼裂处部分叠合，花青素着色程度深，5～7片，花瓣顶部无波皱，较平展，近卵圆形；花柱直立，平均花柱44.8枚，白色；花丝淡绿色，约130枚；花药椭圆形，黄色；子房杯状。

3. 果实性状

果实近圆柱形，果皮绿褐色，密被白色短茸毛。平均果柄长2.52cm。平均单果重63.5g，最大单果重105.5g。果实纵径6.28cm，横径2.98cm，果形指数2.11。果顶微钝凸。果肉（中果皮及内果皮）墨绿色，果心淡黄色，髓射线明显。种子紫褐色，种子纵径0.187cm，横径0.115cm，种形指数1.63。果实可溶性固形物含量15.6%，干物质含量18.1%。果实后熟期维生素C含量835.5mg/100g。果实耐贮藏，常温下可贮藏60天。果实易剥皮，肉质细嫩清香，风味酸甜适度，品质优。

4. 生物学习性

结果枝占枝条的87.0%，以长果枝结果为主，枝可坐果4～6个。3年生嫁接树平均株产15.0kg，连续结果能力强，丰产、稳产。在南城地区，2月下旬树液开始流动，3月中旬萌芽，3月下旬展叶，4月初至4月下旬现蕾，4月底至5月上旬始花，5月中旬进入盛花期，盛花期持续4～5天。果实生育期165天，11月上旬果实成熟，11月下旬至12月初落叶。

品种评价

易剥皮，红花，果肉墨绿色，高维生素C，甜酸适度，耐贮藏。

生境　　　　　　　　　　　　　植株

果实　　　　　　　　　　　　　果实

花　　　　　　　　　　　　　　果实

赣猕 5 号

Actinidia chinensis Planch 'Ganmi 5'

调查编号：YINYLXXB052

所属树种：中华猕猴桃 *Actinidia chinensis* Planch

提 供 人：何中军
电　　话：13507923517
住　　址：江西省瑞昌市农业局

调 查 人：徐小彪、黄春辉、高　洁
电　　话：13767008891
单　　位：江西农业大学

调查地点：江西省瑞昌市农业科学研究所

地理数据：GPS数据（海拔：62m，
经度：E115°40'12"，纬度：N29°40'48"）

样本类型：果实、种子、枝条、叶片

生境信息

来源于当地，栽植于坡度为10°的丘陵地，土壤质地为红壤土。现存1株。

植物学信息

1. 植株情况

植株生长势较弱，株型紧凑，节间缩短，冠幅小，株高1m左右，冠幅东西1.5m、南北1.5m。

2. 植物学特征

枝条一般长1.0m左右，徒长枝可达1.5m以上，中长结果枝和营养枝平均节间长3.7cm。嫩枝青灰色，1年生枝红褐色，枝条顶部无逆时针缠绕现象。叶片斜生，两轮出叶，近圆形，先端突尖，基部心形，叶缘有刺芒状锯齿，叶柄长5～8cm。芽为显芽，花芽为混合芽。花多为单生或2～3朵连生，花瓣6枚，近扇形，子房上位，雌雄异株。

3. 果实性状

果实苹果形，顶部平齐，果皮浅褐色，果肉黄绿色。果实甜酸适口，香味较浓。总糖含量为11.59%，可溶性固形物含量17.16%，维生素C含量83.9mg/100g，总酸含量1.5%。耐贮藏，货架期长，鲜食与加工俱佳。丰产性能好，平均单果重85g。最大单果重112g，2年生树单株产量可达4.3kg。

4. 生物学习性

生长势较健壮，宜密植，株行距1.5m×2m或2m×2m。萌芽率49%，成枝率52%，果枝率24%。在九江地区，2月下旬树液开始流动，3月上旬萌芽，3月下旬展叶，3月下旬至4月上旬现蕾，4月中旬始花，4月下旬盛花，花期持续7～10天。5月上旬至6月上中旬为果实迅速膨大期，9月中旬果实成熟，11月下旬至12月上旬落叶。果实常温下可贮藏20天左右。

品种评价

树体矮化，高产，较耐贮藏。是矮化无架密植栽培的良好种质，也是猕猴桃矮化及观赏育种的良好亲本材料。中熟品种。

生境

植株

花

果实

果实

麻毛 13 号

Actinidia eriantha Benth 'Mamao 13'

○ 调查编号：YINYLXXB055

所属树种：毛花猕猴桃 *Actinidia eriantha* Benth

提 供 人：符士、朱博
电　　话：18179403588
住　　址：江西省抚州市南城县农业局

调 查 人：黄春辉、徐小彪、谢　敏
电　　话：13970939317
单　　位：江西农业大学

调查地点：江西省抚州市南城县株良镇长安村

地理数据：GPS数据（海拔：385m，经度：E116°28'7.38"，纬度：N27°26'40.77"）

样本类型：果实、种子、枝条、叶片

生境信息

来源于当地，野生于旷野中坡度为15°的坡地，该土地为原始林，土壤质地为砂质红壤土。树龄17年，现存1株。

植物学信息

1. 植株情况

植株生长势较强，成枝率高。

2. 植物学特征

1年生枝灰褐色，表面密集灰白色茸毛，老枝和结果母枝灰褐色，皮孔短梭形，淡黄褐色。成熟叶卵圆形，正面深绿色，有弱波皱，背面浅绿色，叶脉明显，具浅黄色短茸毛。花芽为混合芽，花序为聚伞花序，每花序3～5朵花，花瓣淡红色，6～8片，子房上位，雌雄异株。嫩枝青灰色，枝条顶部无逆时针缠绕现象。叶片斜生，两轮出叶，先端凸尖，基部心形，叶缘有刺芒状锯齿，叶柄长5～8cm。

3. 果实性状

果实单果重35～55g，长椭圆形。果肩斜，果喙端微钝凸。果皮绿褐色，密集灰白色长茸毛。果肉翠绿色，髓射线明显，肉质细腻，香甜，品质上等。可溶性固形物含量14.5%，维生素C含量750mg/100g，果实常温下可贮藏50～60天。

4. 生物学习性

生长势较健壮，萌芽率46%，成枝率50%，果枝率22%。在江西省抚州地区，2月下旬树液开始流动，3月中旬萌芽，3月下旬展叶，4月初至4月下旬现蕾，始花期在5月初，花期持续9～10天。11月上旬果实成熟，12月上旬落叶。

品种评价

高产，果肉翠绿色，香甜，高维生素C，易剥皮，晚熟品种，抗逆性强。

生境

花

果实

果实

麻毛 29 号

Actinidia eriantha Benth 'Mamao 29'

调查编号： YINYLXXB056

所属树种： 毛花猕猴桃 *Actinidia eriantha* Benth

提供人： 符士、朱博
电话： 18179403588
住址： 江西省抚州市南城县农业局

调查人： 黄春辉、徐小彪、张文标
电话： 13970939317
单位： 江西农业大学

调查地点： 江西省抚州市南城县株良镇长安村

地理数据： GPS数据（海拔：395m，经度：E116°28'7.38"，纬度：N27°26'40.77"）

样本类型： 果实、种子、枝条、叶片

生境信息

来源于当地，野生于旷野中坡度为25°的坡地，该土地为原始林，土壤质地为砂质红壤土。树龄16年，现存1株。

植物学信息

1. 植株情况

植株生长势较强。

2.植物学特征

1年生枝灰白色，表面密集灰白色茸毛，老枝和结果母枝褐色，皮孔多短梭形，数量中等，淡黄褐色。幼叶浅绿色，表面密集灰白色茸毛；成熟叶椭圆形，正面深绿色，背面绿色，叶脉明显。聚伞花序，每花序4~7朵花，花瓣淡红色，5~7片，花丝粉红色，花药黄色，背着式着生。

3. 果实性状

果实中等偏小，单果重25~35g。果实圆柱形，花萼环明显，果肩圆形，果皮绿褐色，密集灰白色长茸毛，不易脱落。果肉绿色，髓射线明显，肉质细腻，香甜，品质上等。果实可溶性固形物含量12.7%，维生素C含量750mg/100g，果实常温下可贮藏50~60天。

4. 生物学习性

生长势健壮，萌芽率46%，成枝率50%，果枝率22%。在江西省南城地区，2月下旬树液开始流动，3月中旬萌芽，3月下旬展叶，4月初到4月下旬现蕾，始花期在5月初，花期持续4~5天。11月上中旬果实成熟，12月上中旬落叶。

品种评价

优质，高产，果肉翠绿色，易剥皮，晚熟品种。

生境

植林

花

果实

麻毛 49 号

Actinidia erianthan Benth 'Mamao 49'

🔘 调查编号： YINYLXXB057

📋 所属树种： 毛花猕猴桃 *Actinidia erianthan* Benth

📄 提 供 人： 符士、朱博
　电　　话： 18179403588
　住　　址： 江西省抚州市南城县农业局

📋 调 查 人： 黄春辉、徐小彪、张文标
　电　　话： 13970939317
　单　　位： 江西农业大学

📍 调查地点： 江西省抚州市南城县株良镇长安村

🌐 地理数据： GPS数据（海拔：378m，经度：E116°28'7.38"，纬度：N27°26'40.77"）

🖼 样本类型： 果实、种子、枝条、叶片

📋 生境信息

　　来源于当地，野生于旷野中坡度为27°的坡地，该土地为原始林，土壤质地为腐殖质丰富的壤土。树龄15年，现存1株。

📋 植物学信息

1. 植株情况
　　植株生长势强，成枝率高。

2. 植物学特征
　　1年生枝灰白色，表面密集灰白色茸毛，老枝和结果母枝褐色，皮孔不明显，淡黄褐色。成熟叶椭圆形，叶脉明显。聚伞花序，每花序5~7朵花，花瓣淡红色，6~8片。

3. 果实性状
　　果实单果重35~45g，近圆形。果皮绿褐色，密集灰白色长茸毛。果肉墨绿色，髓射线明显，肉质细腻，略酸，品质上等。果实可溶性固形物含量14.9%，维生素C含量785mg/100g，果实常温下可贮藏60~75天。

4. 生物学习性
　　生长势健壮，萌芽率49%，成枝率54%，果枝率27%。在江西南城地区2月下旬树液开始流动，3月中旬萌芽，3月下旬展叶，4月初到4月下旬现蕾，始花期在5月初，花期持续4~5天。11月上中旬果实成熟，12月上中旬落叶。

📋 品种评价

　　丰产稳产，高维生素C，晚熟，耐贮藏，适应性强。

植株

生境

花

果实

果实

赣猕 7 号

Actinidia chinensis Planch 'Ganmi 7'

調查编号：YINYLXXB103

所属树种：中华猕猴桃 *Actinidia chinensis* Planch

提供人：涂贵庆、李帮明
电　话：13576175048
住　址：江西省宜春市奉新县农业局

调查人：黄春辉、徐小彪、吴　寒
电　话：13970939317
单　位：江西农业大学

调查地点：江西省奉新县赤岸镇城下村山口组

地理数据：GPS数据（海拔：75m，经度：E115°19'9"，纬度：N28°41'25"）

样本类型：果实、种子、枝条、叶片

生境信息

来源于江西省奉新县猕猴桃研究所，栽植于坡度为10°的丘陵地，土壤质地为砂壤土。树龄9年，现存200株。

植物学信息

1. 植株情况

植株生长势中等，成枝率高。

2. 植物学特征

1年生结果枝节间长3.64cm，营养枝节间长5.14cm。1年生枝光滑灰白色，多年生枝褐色，皮孔灰褐色、多长梭形，数量中等偏少。幼叶尖端锐尖，基部浅重叠，叶正面稍有褐色茸毛。嫩梢先端淡绿色，皮孔较大，密度中等；叶片心脏形。花多单生，少花序，花冠直径4.7cm左右。

3. 果实性状

果实近椭圆形，中等大小，平均单果重86.5g。果实纵径5.41cm，横径4.52cm，果形指数1.19。果顶多微凹。果皮绿色，内果皮鲜红色、果实横切面呈黄红白相间的图案。果实可溶性固形物含量16.7%，可溶性糖与可滴定酸含量分别为11.4%和0.89%，维生素C含量104.2mg/100g。

4. 生物学习性

生长势中等，宜密植，萌芽率49%，成枝率54%，果枝率27%。在江西奉新，2月下旬树液开始流动，3月初萌芽，3月中旬展叶，3月下旬至4月上旬现蕾，4月中旬始花，4月下旬进入盛花期，花期持续7~11天，9月初果实成熟，生育期约130天。5月上旬至6月上中旬为果实迅速膨大期，11月下旬至12月初落叶，果实常温下可存放15天左右。

品种评价

果实美艳诱人。适于鲜食，品质上乘，早熟。

植株

花

果实

叶片

果实

赣猕 6 号

Actinidia eriantha Benth 'Ganmi 6'

调查编号：YINYLXXB104

所属树种：毛花猕猴桃 *Actinidia eriantha* Benth

提 供 人：涂贵庆、李帮明
电　　话：13576175048
住　　址：江西省宜春市奉新县农业局

调 查 人：徐小彪、黄春辉、汤佳乐
电　　话：13767008891
单　　位：江西农业大学

调查地点：江西省奉新县赤岸镇城下村山口组

地理数据：GPS数据（海拔：75m，经度：E115°19'9"，纬度：N28°41'25"）

样本类型：果实、种子、枝条、叶片

生境信息

来源于江西省奉新县猕猴桃研究所，栽植于坡度为10°的丘陵地，土壤质地为红壤土。树龄8年，现存3株。

植物学信息

1. 植株情况

植株生长势较强，成枝率高。

2. 植物学特征

新梢密被短茸毛，1年生枝阳面灰白色，表皮光滑，密被白色短茸毛，平均粗0.82cm，节间平均长5.32cm，芽座微凸垂直状，被白色短茸毛；多年生枝灰褐色，皮孔长椭圆形或圆形，淡黄色，数量少。花瓣粉红色。

3. 果实性状

果实长圆柱形，果皮绿褐色，果面密被白色短茸毛。果柄中等，平均果柄长2.52cm。果实中大型，平均单果重72.5g，最大单果重96g。果实纵径6.28cm，横径2.98cm，果形指数2.11。果顶微钝凸，果肩方形。果肉（中果皮及内果皮）墨绿色，果心淡黄色，髓射线明显。种子紫褐色，纵径0.187cm，横径0.115cm，种形指数1.63。果实横截面种子数15.4粒，平均单果种子数403粒，千粒重约0.76g。果实可溶性固形物含量13.6%，可溶性糖含量6.30%，可滴定酸含量0.87%，干物质含量17.3%，维生素C含量723mg/100g。果实后熟达到食用状态时易剥皮，肉质细嫩清香，风味酸甜适度。

4. 生物学习性

萌芽率高达87.5%，连续结果能力强，徒长枝及多年生枝均可成为结果母枝，坐果率高达95%，落花落果少，果实成熟期为10月下旬，果实生育期165天。丰产性好，异位高接子一代第二年平均株产5.5kg，第四年平均株产21.0kg。耐热性强，抗湿性好，田间未发现溃疡病危害。

品种评价

果肉墨绿色，易剥皮，高维生素C，品质优良，耐热耐湿性好，适应性强。

植株

生境

花

果实

果实

麻毛53号

Actinidia eriantha Benth 'Mamao 53'

调查编号：YINYLXXB105

所属树种：毛花猕猴桃 *Actinidia eriantha* Benth

提 供 人：朱博、符士
电　　话：13979424166
住　　址：江西省抚州市南城县农业局

调 查 人：徐小彪、黄春辉、刘科鹏
电　　话：13767008891
单　　位：江西农业大学

调查地点：江西省抚州市南城县麻姑山

地理数据：GPS数据（海拔：734m，
经度：E116°33'59.57"，纬度：N27°32'16.29"）

样本类型：果实、种子、枝条、叶片

生境信息

来源于当地，野生于旷野中坡度为45°的坡地，该土地为原始林，土壤质地为砂质红壤土。树龄12年，现存1株。

植物学信息

1. 植株情况

植株生长势较强，成枝率高。

2. 植物学特征

1年生枝灰白色，表面密集灰白色茸毛，老枝和结果母枝褐色，皮孔不明显，淡黄褐色。成熟叶椭圆形，叶脉明显。聚伞花序，每花序3~5朵花，花瓣淡红色，6~8片。花萼宿存，花药黄色，萼片2~3片，被密集短茸毛。

3. 果实性状

果实较大，单果重30~38g。果实圆柱形，果肩圆形，果喙圆形，花萼环明显，果皮绿褐色，密集灰白色长茸毛。果肉绿色，髓射线明显，肉质细腻，酸甜适度，品质上等。果实可溶性固形物含量12.5%，维生素C含量650mg/100g，常温下可贮藏45~60天。

4. 生物学习性

萌芽率高达87.3%，连续结果能力强，徒长枝及多年生枝均可成为结果母枝，坐果率高达95%，落花落果少，果实成熟期为10月中下旬，果实生育期165天。丰产性好，异位高接子一代第二年平均株产5.4kg，第四年平均株产21.1kg。耐热性强，抗湿性好，田间未发现溃疡病危害。

品种评价

丰产，优质，酸甜适度，易剥皮，高维生素C，绿肉品种，晚熟。

生境

果实

果实

植株

花

麻毛 81 号

Actinidia eriantha Benth.'Mamao 81'

调查编号：YINYLXXB106

所属树种：毛花猕猴桃 *Actinidia eriantha* Benth

提 供 人：朱博、符士
电　　话：13979424166
住　　址：江西省抚州市南城县农业局

调 查 人：黄春辉、徐小彪、吴　寒
电　　话：13970939317
单　　位：江西农业大学

调查地点：江西省抚州市南城县麻姑山

地理数据：GPS数据（海拔：672m,
经度：E116°33'59.57"，纬度：N27°32'16.29"）

样本类型：果实、种子、枝条、叶片

生境信息

来源于当地，野生于旷野中坡度为33°的坡地，该土地为原始林，土壤质地为砂质红壤土。树龄14年，现存1株。

植物学信息

1. 植株情况

植株生长势较强，成枝率高。

2. 植物学特征

1年生枝灰白色，表面密集灰白色茸毛，老枝和结果母枝褐色，皮孔不明显，淡黄褐色。成熟叶椭圆形，正面深绿色，无毛，背面浅绿色，被有密度中等的短茸毛，叶脉明显。聚伞花序，每花序4～7朵花，花瓣淡红色，5～7片。

3. 果实性状

果实单果重27～32g，长圆柱形。果皮绿褐色，密集灰白色长茸毛。果肉绿色，果肩圆形，果喙圆形，髓射线明显，肉质细腻，微酸，品质上等。果实可溶性固形物含量13.3%，维生素C含量715mg/100g，常温下可贮藏30～45天。

4. 生物学习性

萌芽率高达88.3%，连续结果能力强，徒长枝及多年生枝均可成为结果母枝，坐果率高达95%，落花落果少，果实成熟期为10月中下旬，果实生育期165天。丰产性好，异位高接子一代第二年平均株产5.6kg，第四年平均株产22.1kg。耐热性强，抗湿性好，田间未发现溃疡病危害。

品种评价

丰产，优质，易剥皮，高维生素C，绿肉品种，晚熟，抗逆性强。

生境

植株

花

果实

果实

麻毛 98 号

Actinidia eriantha Benth 'Mamao 98'

调查编号： YINYLXXB107

所属树种： 毛花猕猴桃 *Actinidia eriantha* Benth

提 供 人： 朱博、符士
电　　话： 13979424166
住　　址： 江西省抚州市南城县农业局

调 查 人： 徐小彪、黄春辉、汤佳乐
电　　话： 13767008891
单　　位： 江西农业大学

调查地点： 江西省抚州市南城县麻姑山

地理数据： GPS数据（海拔：378m，经度：E116°33′59.57″，纬度：N27°32′16.29″）

样本类型： 果实、种子、枝条、叶片

生境信息

来源于当地，野生于旷野中坡度为45°的坡地，该土地为原始林，土壤质地为砂壤土。树龄16年，现存1株。

植物学信息

1. 植株情况

植株生长势较强，成枝率高。

2. 植物学特征

1年生枝灰白色，表面密集灰白色茸毛，老枝和结果母枝褐色，皮孔不明显，淡黄褐色。聚伞花序，每花序5～7朵花，花瓣淡红色，6～8片。成熟叶长卵圆形，叶正面绿色无茸毛，叶背面淡绿色，叶脉明显。叶柄淡绿色，多白色长茸毛。单生或数朵生于叶腋。萼片5，有淡棕色柔毛；雄蕊多数，花药黄色；花柱丝状，多数。

3. 果实性状

果实单果重10～18g，近圆形。果肩圆形，果喙圆形，果皮绿褐色，密集灰白色长茸毛。果肉绿色，髓射线明显，肉质细腻，甜酸适度，品质上等。果实可溶性固形物含量12.9%，维生素C含量695mg/100g，常温下可贮藏2个月。

4. 生物学习性

萌芽率高达87.3%，连续结果能力强，徒长枝及多年生枝均可成为结果母枝，坐果率高达92%，落花落果少，果实成熟期为10月下旬，果实生育期165天。丰产性好，异位高接子一代第二年平均株产3.5kg，第四年平均株产12.5kg。耐热性强，抗湿性好，田间未发现溃疡病危害。

品种评价

优质，高产，高维生素C，晚熟，耐贮藏，适应性强。

生境

花

果实

植株

果实

麻毛 108 号

Actinidia eriantha Benth 'Mamao 108'

调查编号：YINYLXXB108

所属树种：毛花猕猴桃 *Actinidia eriantha* Benth

提供人：朱博、符士
电　话：139794224166
住　址：江西省抚州市南城县农业局

调查人：徐小彪、黄春辉、谢　敏
电　话：13970939317
单　位：江西农业大学

调查地点：江西省抚州市南城县麻姑山

地理数据：GPS数据（海拔：355m，经度：E116°33′59.57″，纬度：N27°32′16.29″）

样本类型：果实、种子、枝条、叶片

生境信息

来源于当地，野生于旷野中坡度为45°的坡地，该土地为原始林，土壤质地为腐殖质含量高的壤土。树龄16年，现存1株。

植物学信息

1. 植株情况

植株生长势较强，成枝率高。

2. 植物学特征

1年生枝灰白色，表面密集灰白色茸毛，老枝和结果母枝褐色，皮孔不明显，淡黄褐色。叶片斜生，先端锐尖，基部浅心形，叶柄长2~4cm，成熟叶椭圆形，叶柄上被浅黄色短茸毛，叶脉明显。聚伞花序，每花序4~6朵花，花瓣红色，5~6片，花萼宿存，花药黄色。

3. 果实性状

果实单果重30~35g，圆柱形。果肩圆形，果喙圆形，果皮绿褐色，密集灰白色长茸毛。果肉绿色，髓射线明显，肉质细腻，甜酸适度，品质上乘。果实可溶性固形物含量14.3%，维生素C含量756mg/100g，常温下可贮藏40~50天。

4. 生物学习性

萌芽率达85.3%，连续结果能力强，徒长枝及多年生枝均可成为结果母枝，坐果率高达90%，落花落果少，果实成熟期为10月下旬，果实生育期160天。丰产性好，异位高接子一代第二年平均株产4.8kg，第四年平均株产13.5kg。耐热性强，抗湿性好，田间未发现溃疡病危害。

品种评价

风味酸甜，高产，抗逆性强，绿肉品种，易剥皮，晚熟，耐贮藏。

生境

植株

花

果实

果实

江猕 121 号

Actinidia chinensis Planch 'Jiangmi 121'

调查编号： YINYLXXB121

所属树种： 中华猕猴桃 *Actinidia chinensis* Planch

提 供 人： 汪光明
电　　话： 18779275680
住　　址： 江西省九江市武宁县农业局

调 查 人： 陶俊杰、郎彬彬、陈楚佳
电　　话： 17779113789
单　　位： 江西农业大学

调查地点： 江西省九江市武宁县新宁镇石坪村

地理数据： GPS数据（海拔：887m，经度：E115°08'38"，纬度：N29°06'32"）

样本类型： 果实、种子、枝条、叶片

生境信息

　　来源于当地，野生于旷野中坡度为42°的坡地，该土地为原始林，土壤质地为腐殖质含量高的壤土。树龄20年，现存1株。

植物学信息

1. 植株情况

植株生长势中等。

2. 植物学特征

1年生结果枝节间长3.67cm，营养枝节间长5.21cm。1年生枝光滑灰白色，多年生枝褐色，皮孔灰褐色、多呈长梭形，数量中等偏少。幼叶尖端锐尖，基部浅重叠，叶正面稍有褐色茸毛。花白色，聚伞花序，单生或2~3朵连生。雌雄异株。

3. 果实性状

果实高扁圆形，果皮浅黄色，上具均匀短茸毛。果实中型，平均单果重56.80g。果实纵径4.97cm，横径4.11cm，果形指数1.21。果肩方形，果顶微凹，果肉浅黄色。果实可溶性固形物含量16.9%，可溶性糖与可滴定酸含量分别为11.9%和0.97%，维生素C含量102.7mg/100g。

4. 生物学习性

萌芽率达88.3%，连续结果能力强，徒长枝及多年生枝均可成为结果母枝，坐果率高达92%，落花落果少。果实生育期约132天，果实成熟期为9月上旬。丰产性好，异位高接子一代第二年平均株产4.8kg，第四年平均株产18.5kg。耐热性强，抗湿性好，田间未发现溃疡病危害。

品种评价

早果，丰产，抗性强，黄肉品种，早熟。

生境

植株

果实

花

果实

江猕 122 号

Actinidia chinensis Planch 'Jiangmi 122'

调查编号：YINYLXXB122

所属树种：中华猕猴桃 *Actinidia chinensis* Planch

提 供 人：汪光明
电　　话：18779275680
住　　址：江西省九江市武宁县农业局

调 查 人：陶俊杰、郎彬彬、陈楚佳
电　　话：17779113789
单　　位：江西农业大学

调查地点：江西省九江市武宁县新宁镇石坪村

地理数据：GPS数据（海拔：898m，经度：E115°08'34"，纬度：N29°05'32"）

样本类型：果实、种子、枝条、叶片

生境信息

来源于当地，野生于旷野中坡度为35°的坡地，该土地为原始林，土壤质地为砂壤土。树龄18年，现存1株。

植物学信息

1. 植株情况

植株生长势中等，成枝率高。

2. 植物学特征

1年生结果枝节间长3.59cm，营养枝节间长5.19cm。1年生枝光滑灰白色，多年生枝褐色，皮孔灰褐色、多呈长梭形，数量中等偏少。幼叶尖端锐尖，基部浅重叠，叶正面稍有褐色茸毛。花白色，聚伞花序，单生或2～3朵连生，花瓣5～6片。

3. 果实性状

果实扁圆形，果皮黄色。果实中等大小，平均单果重64.4g。果实纵径4.28cm，横径4.91cm，果形指数0.87。果顶深凹。果肉黄绿色。果实可溶性固形物含量16.2%，可溶性糖与可滴定酸含量分别为11.8%和0.88%，维生素C含量108.7mg/100g。果实生育期约150天，成熟期为10月上中旬。

4. 生物学习性

萌芽率达89.3%，连续结果能力强，徒长枝及多年生枝均可成为结果母枝，坐果率高达90%，落花落果少，丰产性好，异位高接子一代第二年平均株产5.4kg，第四年平均株产21.5kg。耐热性强，抗湿性好，田间未发现溃疡病危害。

品种评价

优质，高产，甜酸适度，抗性强，黄肉品种，中晚熟，抗逆性较强。

生境

叶片

果实

花

果实

江猕 123 号

Actinidia chinensis Planch 'Jiangmi 123'

调查编号：YINYLXXB123

所属树种：中华猕猴桃 *Actinidia chinensis* Planch

提 供 人：汪光明
电　　话：18779275680
住　　址：江西省九江市武宁县农业局

调 查 人：陶俊杰、郎彬彬、陈楚佳
电　　话：17779113789
单　　位：江西农业大学

调查地点：江西省九江市武宁县新宁镇石坪村

地理数据：GPS数据（海拔：927m，经度：E115°08′29″，纬度：N29°05′29″）

样本类型：果实、种子、枝条、叶片

生境信息

来源于当地，野生于旷野中坡度为35°的坡地，该土地为原始林，土壤质地为砂壤土。树龄15年，现存1株。

植物学信息

1. 植株情况

植株生长势中等，成枝率高。

2. 植物学特征

1年生结果枝节间长3.71cm，营养枝节间长5.22cm。1年生枝光滑灰白色，多年生枝褐色，皮孔灰褐色、多长梭形，数量中等偏少。幼叶尖端锐尖，基部浅重叠，叶正面稍有褐色茸毛。聚伞花序，单生或2～3朵连生，花瓣白色，5～6片。

3. 果实性状

果实卵圆形，果皮黄色。果实中等大，平均单果重54.3g。果实纵径5.03cm，横径4.45cm，果形指数1.13。果顶渐尖，果肩多方形。果肉金黄色。果实可溶性固形物含量18.7%，可溶性糖与可滴定酸含量分别为13.1%和0.97%，维生素C含量127.6mg/100g。果实生育期约145天。

4. 生物学习性

生长势健壮，萌芽率49%，成枝率54%，果枝率27%。在江西武宁地区，2月下旬树液开始流动，3月上旬萌芽，3月中旬展叶，3月下旬至4月上旬现蕾，4月中旬始花，4月下旬盛花期，花期持续7～10天。9月下旬至10月上旬果实成熟，11月下旬至12月初落叶。果实常温下可贮藏25天左右。

品种评价

果肉金黄，高产优质，香甜，抗逆性强，中熟品种。

生境

植株

叶片

花

果实

果实

江猕 124 号

Actinidia chinensis Planch 'Jiangmi 124'

调查编号：YINYLXXB124

所属树种：中华猕猴桃 *Actinidia chinensis* Planch

提 供 人：汪光明
电　　话：18779275680
住　　址：江西省九江市武宁县农业局

调 查 人：陶俊杰、郎彬彬、陈楚佳
电　　话：17779113789
单　　位：江西农业大学

调查地点：江西省九江市武宁县新宁镇石坪村

地理数据：GPS数据（海拔：937m，经度：E115°08'31"，纬度：N29°05'29"）

样本类型：果实、种子、枝条、叶片

生境信息

来源于当地，野生于旷野中坡度为38°的坡地，该土地为原始林，土壤质地为砂壤土。树龄14年，现存1株。

植物学信息

1. 植株情况

植株生长势中等，成枝率高。

2. 植物学特征

1年生结果枝节间长3.74cm，营养枝节间长5.28cm。1年生枝光滑灰白色，多年生枝褐色，皮孔灰褐色、多呈长梭形，数量中等偏少。幼叶尖端锐尖，基部浅重叠，叶正面稍有褐色茸毛。花白色，聚伞花序，单生或2～3朵连生，花瓣5～7片，花梗长。

3. 果实性状

果实近圆形，果皮黄褐色。果实大，平均单果重84.6g。果实纵径6.54cm，横径5.49cm，果形指数1.19。果顶多深凹。果肉黄绿色。果实可溶性固形物含量17.3%，可溶性糖与可滴定酸含量分别为11.8%和0.85%，维生素C含量133.7mg/100g。

4. 生物学习性

生长势健壮，萌芽率47%，成枝率56%，果枝率23%。在江西省武宁地区，2月下旬树液开始流动，3月2～5日萌芽，3月11～14日展叶，3月30日至4月10日现蕾，4月17日始花，4月22～24日盛花，4月27～28日终花，花期持续9～11天。3月20日新梢开始生长，6月中旬第一次新梢停止生长。5月上旬至6月上中旬为果实迅速膨大期，9月下旬果实成熟，果实生育期约135天，11月下旬至12月初落叶。

品种评价

优质，高产，风味香甜，抗性强，黄肉品种，早中熟。

植株

叶片

花

果实

江猕 125 号

Actinidia eriantha Benth 'Jiangmi 125'

调查编号： YINYLXXB125

所属树种： 毛花猕猴桃 *Actinidia eriantha* Benth

提 供 人： 周国振、朱博
电　　话： 13979420459
住　　址： 江西省抚州市南城县农业局

调 查 人： 陶俊杰、郎彬彬、陈楚佳
电　　话： 17779113789
单　　位： 江西农业大学

调查地点： 江西省抚州市南城县麻姑山

地理数据： GPS数据（海拔：730m，经度：E116°33'59.57"，纬度：N27°32'16.29"）

样本类型： 果实、种子、枝条、叶片

生境信息

来源于当地，野生于旷野中坡度为45°的坡地，该土地为原始林，土壤质地为砂质红壤土。树龄16年，现存1株。

植物学信息

1. 植株情况

植株生长势中等，成枝率高。

2. 植物学特征

1年生枝灰白色，表面密集灰白色茸毛，老枝和结果母枝褐色，皮孔多短梭形，数量中等，淡黄褐色。叶片斜生，先端锐尖，基部浅心形；幼叶浅绿色，表面密集灰白色茸毛；成熟叶椭圆形，正面深绿色，背面绿色，叶脉明显。聚伞花序，每花序3～5朵花，花瓣淡红色，6～8片，花丝粉红色，花药黄色，背着式着生，萼片宿存。

3. 果实性状

果实大小中等，单果重20～25g。果实长椭圆形，花萼环明显，果肩圆形，果皮绿褐色，密集灰白色长茸毛，不易脱落。果肉墨绿色，髓射线明显，肉质细腻，香甜，品质上等。果实可溶性固形物含量13.7%，维生素C含量665mg/100g，常温下可贮藏35～50天。

4. 生物学习性

生长势健壮，萌芽率47%，成枝率56%，果枝率23%。在江西省南城地区，2月下旬树液开始流动，3月中旬萌芽，3月下旬展叶，4月初到4月下旬现蕾，始花期在5月初，花期持续4～5天。4月上旬新梢开始生长，6月中下旬第一次新梢停止生长，11月上中旬果实成熟，12月上中旬落叶。

品种评价

酸甜适度，高维生素C，易剥皮，抗性强，耐贮藏，绿肉品种，晚熟。

生境

花

植株

果实

果实

江猕 126 号

Actinidia eriantha Benth 'Jiangmi 126'

- 调查编号：YINYLXXB126

- 所属树种：毛花猕猴桃 *Actinidia eriantha* Benth

- 提 供 人：周国振、朱博
  电　　话：13979420459
  住　　址：江西省抚州市南城县农业局

- 调 查 人：陶俊杰、郎彬彬、陈楚佳
  电　　话：17779113789
  单　　位：江西农业大学

- 调查地点：江西省抚州市南城县麻姑山

- 地理数据：GPS数据（海拔：677m，
  经度：E116°33'59.57"，纬度：N27°32'16.29"）

- 样本类型：果实、种子、枝条、叶片

生境信息

来源于当地，野生于旷野中坡度为40°的坡地，该土地为原始林，土壤质地为砂质红壤土。树龄15年，现存1株。

植物学信息

1. 植株情况

植株生长势较强，成枝率高。

2. 植物学特征

1年生枝灰白色，表面密集灰白色茸毛，结果母枝褐色，皮孔多短梭形，数量中等，淡黄褐色；老枝棕褐色。叶片斜生，先端锐尖，基部浅心形；幼叶浅绿色，表面密集灰白色茸毛；成熟叶椭圆形，正面深绿色，背面绿色，叶脉明显。聚伞花序，每花序4～7朵花，花瓣淡红色，6～7片，6片居多，花丝粉红色，靠近基部花青素着色更深，花药黄色，背着式着生，萼片宿存。

3. 果实性状

果实大小中等，单果重28～34g。果实圆柱形，花萼环明显，果肩圆形，果喙圆形，果皮绿褐色，密集灰白色长茸毛，不易脱落。果肉绿色，髓射线明显，肉质细腻，香甜，品质上等。果实可溶性固形物含量13.1%，维生素C含量707mg/100g，常温下可贮藏40～60天。

4. 生物学习性

生长势健壮，萌芽率57%，成枝率66%，果枝率29%。在江西省南城地区，2月下旬树液开始流动，3月中旬萌芽，3月下旬展叶，4月初到4月下旬现蕾，始花期在5月初，花期持续4～5天。4月上旬新梢开始生长，6月中下旬第一次新梢停止生长，11月上中旬果实成熟，12月上中旬落叶。

品种评价

易剥皮，酸甜适度，抗性强，耐贮藏，绿肉品种，晚熟。

生境

植株

花

花蕾

果实

江猕 127 号

Actinidia eriantha Benth 'Jiangmi 127'

◎ 调查编号： YINYLXXB127

▣ 所属树种： 毛花猕猴桃 *Actinidia eriantha* Benth

▤ 提 供 人： 周国振、朱博
电　　话： 13979420459
住　　址： 江西省抚州市南城县农业局

▤ 调 查 人： 徐小彪、黄春辉、吴　寒
电　　话： 13767008891
单　　位： 江西农业大学

◉ 调查地点： 江西省抚州市南城县麻姑山

🌐 地理数据： GPS数据（海拔：665m，
经度：E116°33'59.57"，纬度：N27°32'16.29"）

▣ 样本类型： 果实、种子、枝条、叶片

📋 生境信息

来源于当地，野生于旷野中坡度为42°的坡地，该土地为原始林，土壤质地为砂质红壤土。树龄17年，现存1株。

📄 植物学信息

1. 植株情况

植株生长势较强，成枝率高。

2. 植物学特征

1年生枝灰褐色，表面密集灰白色茸毛，结果母枝褐色，皮孔多点状或短梭形，数量中等，淡黄褐色。叶片斜生，先端渐尖，基部浅心形至心形；幼叶浅绿色，表面密集灰白色茸毛；成熟叶椭圆形，正面深绿色，背面绿色，叶脉明显。聚伞花序，每花序3～5朵花，花瓣粉红色，6～8片，6片居多，花丝粉红色，靠近基部花青素着色更深，花药黄色，背着式着生，萼片宿存。

3. 果实性状

果实偏小，单果重10～22g。果实圆柱形，花萼环明显，果肩圆形，果喙圆形，果皮绿褐色，密集灰白色长茸毛，不易脱落。果肉绿色，髓射线明显，肉质细腻，香甜，品质上等。果实可溶性固形物含量14.1%，维生素C含量716mg/100g，果实耐贮藏，常温下可贮藏40～60天。

4. 生物学习性

生长势健壮，萌芽率43%，成枝率54%，果枝率25%。在江西省南城地区，2月下旬树液开始流动，3月中旬萌芽，3月下旬展叶，4月初到4月下旬现蕾，始花期在5月初，花期持续9～12天。4月上旬新梢开始生长，6月中下旬第一次新梢停止生长，11月上中旬果实成熟，12月上中旬落叶。

📖 品种评价

酸甜适度，易剥皮，抗性强，耐贮藏，绿肉品种，晚熟。

生境

花

果实

```
1  2  3  4  5  6  7  8  9
               mm
```

果实

麻毛 24 号

Actinidia eriantha Benth 'Mamao 24'

- 调查编号： YINYLXXB128

- 所属树种： 毛花猕猴桃 *Actinidia eriantha* Benth

- 提 供 人： 周国振、朱博
  电　　话： 13979420459
  住　　址： 江西省抚州市南城县农业局

- 调 查 人： 徐小彪、黄春辉、谢　敏
  电　　话： 13767008891
  单　　位： 江西农业大学

- 调查地点： 江西省抚州市南城县麻姑山

- 地理数据： GPS数据（海拔：641m，经度：E116°33′59.57″，纬度：N27°32′16.29″）

- 样本类型： 果实、种子、枝条、叶片

生境信息

来源于当地，野生于旷野中坡度为45°的坡地，该土地为原始林，土壤质地为砂壤土。现存1株。

植物学信息

1. 植株情况

植株生长势较强，成枝率高。

2. 植物学特征

1年生枝灰褐色，表面密集灰白色茸毛，结果母枝和老枝褐色，结果母枝上皮孔多点状或短梭形，数量中等，淡黄褐色。叶片斜生，先端渐尖，基部浅心形至心形；幼叶浅绿色，表面密集灰白色茸毛；成熟叶椭圆形，正面深绿色，背面绿色，叶脉明显。聚伞花序，每花序3~5朵花，花瓣浅红色，6~8片，花丝浅红色，靠近基部花青素着色较深，花药黄色，背着式着生，萼片宿存。

3. 果实性状

果实中等，单果重22~34g。果实圆柱形，花萼环明显，果肩圆形，果喙圆形，果皮绿褐色，密集灰白色长茸毛，不易脱落。果肉绿色，髓射线明显，肉质细腻，香甜，品质上等。果实可溶性固形物含量12.9%，维生素C含量655mg/100g，果实耐贮藏，常温下可贮藏45~60天。

4. 生物学习性

生长势健壮，萌芽率44%，成枝率53%，果枝率27%。在江西省南城地区，2月下旬树液开始流动，3月中旬萌芽，3月下旬展叶，4月初到4月下旬现蕾，始花期在5月初，花期持续9~12天。4月上旬新梢开始生长，6月中下旬第一次新梢停止生长，11月中旬果实成熟，12月上中旬落叶。

品种评价

高产，优质，酸甜适度，易剥皮，耐贮藏，绿肉品种，晚熟，适应性强。

生境

植株

花

果实

果实

江猕 129 号

Actinidia eriantha Benth 'Jiangmi 129'

🔘 调查编号：YINYLXXB129

📋 所属树种：毛花猕猴桃 *Actinidia eriantha* Benth

📄 提 供 人：周国振、朱博
电　　话：13979420459
住　　址：江西省抚州市南城县农业局

📑 调 查 人：黄春辉、徐小彪、张文标
电　　话：13970939317
单　　位：江西农业大学

📍 调查地点：江西省抚州市南城县麻姑山

🌐 地理数据：GPS数据（海拔：628m，经度：E116°33'59.57"，纬度：N27°32'16.29"）

🖼 样本类型：果实、种子、枝条、叶片

📋 生境信息

来源于当地，野生于旷野中坡度为45°的坡地，该土地为原始林，土壤质地为砂壤土。现存1株。

📰 植物学信息

1. 植株情况

植株生长势较强，成枝率高。

2. 植物学特征

1年生枝灰白色，表面密集灰白色茸毛，老枝和结果母枝褐色，皮孔多点状或短梭形，数量中等，淡黄褐色。幼叶浅绿色，表面密集灰白色茸毛；成熟叶椭圆形，正面绿色，背面浅绿色，被有密度中等短茸毛，叶脉明显。聚伞花序，每花序4～7朵花，花瓣淡红色，6～7片，花丝浅红色，花药黄色，背着式着生。

3. 果实性状

果实中等，单果重35～45g。果实圆柱形，花萼环明显，果肩圆形，果皮绿褐色，密集灰白色长茸毛，不易脱落。果肉绿色，髓射线明显，肉质细腻，香甜，品质上等。果实可溶性固形物含量14.7%，维生素C含量760mg/100g，常温下可贮藏35～55天。

4. 生物学习性

生长势健壮，萌芽率42%，成枝率51%，果枝率26%。在江西省南城地区，2月下旬树液开始流动，3月中旬萌芽，3月下旬展叶，4月初到4月下旬现蕾，始花期在5月初，花期持续4～5天。11月上旬果实成熟，12月上中旬落叶。

📖 品种评价

早果，丰产，微酸，易剥皮，抗性强，耐贮藏，绿肉品种，晚熟。

生境

植株

花

果实

果实

江猕 130 号

Actinidia eriantha Benth 'Jiangmi 130'

🔘 调查编号：YINYLXXB130

🏷 所属树种：毛花猕猴桃 *Actinidia eriantha* Benth

📄 提 供 人：周国振、朱博
电　　话：13979420459
住　　址：江西省抚州市南城县农业局

🔍 调 查 人：黄春辉、徐小彪、张文标
电　　话：13970939317
单　　位：江西农业大学

📍 调查地点：江西省抚州市南城县麻姑山

🌐 地理数据：GPS数据（海拔：615m，
经度：E116°33′59.57″，纬度：N27°32′16.29″）

🖼 样本类型：果实、种子、枝条、叶片

📋 生境信息

来源于当地，野生于旷野中坡度为45°的坡地，该土地为原始林，土壤质地为腐殖质丰富的壤土。现存1株。

📋 植物学信息

1. 植株情况

植株生长势较强，成枝率高。

2. 植物学特征

1年生枝灰白色，表面密集灰白色茸毛，老枝和结果母枝褐色，皮孔多短梭形，数量中等，淡黄褐色。幼叶浅绿色，表面密集灰白色茸毛；成熟叶卵圆形，正面深绿色，背面绿色，叶片先端锐尖，基部呈浅心形，叶脉明显。聚伞花序，每花序3～5朵花，花瓣淡红色，5～7片，花丝粉红色，花药黄色，背着式着生。

3. 果实性状

果实中等偏小，单果重20～32g。果实圆柱形，花萼环明显，果肩圆形，果皮绿褐色，密集灰白色长茸毛，不易脱落。果肉绿色，髓射线明显，肉质细腻，香甜，品质上等。果实可溶性固形物含量14.7%，维生素C含量669mg/100g，常温下可贮藏40～60天。

4. 生物学习性

生长势健壮，萌芽率46%，成枝率56%，果枝率24%。在江西省南城地区，2月下旬树液开始流动，3月中旬萌芽，3月下旬展叶，4月初到4月下旬现蕾，始花期在5月初，花期持续4～5天。11月上旬果实成熟，12月上中旬落叶。

📋 品种评价

易剥皮，高维生素C，抗性强，耐贮藏，绿肉品种，晚熟。

生境

果实

花

果实

果实

江猕 131 号

Actinidia eriantha Benth 'Jiangmi 131'

○ 调查编号：YINYLXXB131

○ 所属树种：毛花猕猴桃 *Actinidia eriantha* Benth

○ 提 供 人：周国振、朱博
电　　话：13979420459
住　　址：江西省抚州市南城县农业局

○ 调 查 人：黄春辉、徐小彪、谢　敏
电　　话：13970939317
单　　位：江西农业大学

○ 调查地点：江西省抚州市南城县麻姑山

○ 地理数据：GPS数据（海拔：597m，
经度：E116°33'59.57"，纬度：N27°32'16.29"）

○ 样本类型：果实、种子、枝条、叶片

生境信息

来源于当地，野生于旷野中坡度为28°的坡地，该土地为原始林，土壤质地为砂质红壤土。树龄17年，现存1株。

植物学信息

1. 植株情况

植株生长势较强，成枝率高。

2. 植物学特征

1年生枝灰白色，表面密集灰白色茸毛，结果母枝褐色，皮孔多短梭形，淡黄褐色。叶片斜生，先端渐尖，基部浅心形；幼叶浅绿色，表面密集灰白色茸毛；成熟叶卵圆形，正面深绿色，背面绿色，叶脉明显。聚伞花序，每花序3~5朵花，花瓣淡红色，6~8片，花丝粉红色，花药黄色，背着式着生。

3. 果实性状

果实中等偏小，单果重15~23g。果实圆柱形，花萼环明显，果肩圆形，果皮绿褐色，密集灰白色长茸毛。果肉墨绿色，髓射线明显，肉质细腻，味甜具香气，品质上等。果实可溶性固形物含量15.4%，维生素C含量687mg/100g，果实耐贮藏，常温下可贮藏50~70天。

4. 生物学习性

生长势健壮，萌芽率47%，成枝率56%，果枝率23%。在江西省南城地区，2月下旬树液开始流动，3月中旬萌芽，3月下旬展叶，4月初到4月下旬现蕾，始花期在5月初，花期持续4~5天。4月上旬新梢开始生长，6月中下旬第一次新梢停止生长，11月上中旬果实成熟，12月上中旬落叶。

品种评价

酸甜适度，易剥皮，抗性较强，耐贮藏，绿肉品种，晚熟。

生境

植株

花

果实

果实

江猕 132 号

Actinidia eriantha Benth 'Jiangmi 132'

调查编号： YINYLXXB132

所属树种： 毛花猕猴桃 *Actinidia eriantha* Benth

提 供 人： 周国振、朱博
电　　话： 13979420459
住　　址： 江西省抚州市南城县农业局

调 查 人： 徐小彪、黄春辉、谢 敏
电　　话： 13767008891
单　　位： 江西农业大学

调查地点： 江西省抚州市南城县麻姑山

地理数据： GPS数据（海拔：591m，
经度：E116°33′59.57″，纬度：N27°32′16.29″）

样本类型： 果实、种子、枝条、叶片

生境信息

来源于当地，野生于旷野中坡度为40°的坡地，该土地为原始林，土壤质地为砂质红壤土。树龄18年，现存1株。

植物学信息

1. 植株情况

植株生长势较强，成枝率高。

2. 植物学特征

1年生枝灰褐色，表面密集灰白色茸毛，结果母枝褐色，皮孔短梭形，淡黄褐色。叶片斜生，先端锐尖，基部浅心形；幼叶浅绿色，表面密集灰白色茸毛；成熟叶卵圆形，正面深绿色，背面绿色，叶脉明显。聚伞花序，每花序3~5朵花，花瓣粉红色，6~8片，花丝粉红色，靠近基部花青素着色更深，花药黄色，背着式着生。

3. 果实性状

果实中等，单果重22~37g。果实圆柱形，花萼环明显，果肩圆形，果喙端微钝凸，萼片宿存；果皮绿褐色，密集灰白色长茸毛，不易脱落。果肉绿色，髓射线明显，肉质细腻，酸甜适度，品质上等。果实可溶性固形物含量14.5%，维生素C含量763mg/100g，果实耐贮藏，常温下可贮藏40~60天。

4. 生物学习性

生长势健壮，萌芽率44%，成枝率55%，果枝率27%。在江西省南城地区，2月下旬树液开始流动，3月中旬萌芽，3月下旬展叶，4月初到4月下旬现蕾，始花期在5月初，花期持续7~9天。4月上旬新梢开始生长，6月中下旬第一次新梢停止生长，11月上旬果实成熟，12月上中旬落叶。

品种评价

微酸，有香气，易剥皮，抗性强，绿肉品种，晚熟品种。

植株

花

果实

果实

果实

江猕 133 号

Actinidia eriantha Benth 'Jiangmi 133'

调查编号：YINYLXXB133

所属树种：毛花猕猴桃 *Actinidia eriantha* Benth

提 供 人：周国振、朱博
电　　话：13979420459
住　　址：江西省抚州市南城县农业局

调 查 人：黄春辉、徐小彪、张文标
电　　话：13970939317
单　　位：江西农业大学

调查地点：江西省抚州市南城县麻姑山

地理数据：GPS数据（海拔：613m，经度：E116°33′59.57″，纬度：N27°32′16.29″）

样本类型：果实、种子、枝条、叶片

生境信息

　　来源于当地，野生于旷野中坡度为28°的坡地，该土地为原始林，土壤质地为腐殖质丰富的壤土。树龄17年，现存1株。

植物学信息

1. 植株情况
　　植株生长势较强，成枝率高。

2. 植物学特征
　　1年生枝灰褐色，表面密集灰白色茸毛，结果母枝褐色，皮孔多短梭形，数量中等，淡黄褐色。叶片斜生，先端渐尖，基部浅心形至心形；幼叶浅绿色，表面密集灰白色茸毛；成熟叶卵圆形，正面深绿色，背面绿色，被短茸毛，叶脉明显。聚伞花序，每花序3～5朵花，花瓣粉红色，5～8片，花丝粉红色，靠近基部花青素着色更深，花药黄色，背着式着生，萼片宿存。

3. 果实性状
　　果实中等偏小，单果重15～28g。果实圆柱形，花萼环明显，果肩圆形，果喙圆形，果皮绿褐色，密集灰白色长茸毛。果肉绿色，髓射线明显，肉质细腻，香甜，品质上等。果实可溶性固形物含量15.5%，维生素C含量693mg/100g，果实耐贮藏，常温下可贮藏45～60天。

4. 生物学习性
　　生长势健壮，萌芽率45%，成枝率55%，果枝率25%。在江西省南城地区，2月下旬树液开始流动，3月中旬萌芽，3月下旬展叶，4月初到4月下旬现蕾，始花期在5月初，花期持续8～10天。4月上旬新梢开始生长，6月中下旬第一次新梢停止生长，11月上旬果实成熟，12月上中旬落叶。

品种评价

　　易剥皮，酸甜适度，高维生素C，抗性强，耐贮藏，绿肉品种，晚熟。

生境

植株

花

果实

果实

江猕 134 号

Actinidia eriantha Benth 'Jiangmi 134'

○ 调查编号：YINYLXXB134

○ 所属树种：毛花猕猴桃 *Actinidia eriantha* Benth

○ 提 供 人：周国振、朱博
电　　话：13979420459
住　　址：江西省抚州市南城县农业局

○ 调 查 人：徐小彪、黄春辉、张文标
电　　话：13970939317
单　　位：江西农业大学

○ 调查地点：江西省抚州市南城县株良镇长安村

○ 地理数据：GPS数据（海拔：608m，经度：E116°287.38"，纬度：N27°26'40.77"）

○ 样本类型：果实、种子、枝条、叶片

生境信息

来源于当地，野生于旷野中坡度为35°的坡地，该土地为原始林，土壤质地为砂质红壤土。树龄15年，现存1株。

植物学信息

1. 植株情况

植株生长势较强，成枝率高。

2. 植物学特征

1年生枝灰白色，表面密集灰白色茸毛，老枝和结果母枝褐色，皮孔多点状或短梭形，淡黄褐色。幼叶浅绿色，表面密集灰白色茸毛；成熟叶卵圆形，正面绿色，背面浅绿色，被有密度中等短茸毛，叶脉明显。聚伞花序，每花序3~5朵花，花瓣淡红色，6~8片，花丝浅红色，花药黄色，背着式着生。

3. 果实性状

果实中等偏小，单果重15~25g。果实短圆柱形，花萼环明显，果肩圆形，果喙端微钝凸，花萼宿存；果皮绿褐色，密集灰白色长茸毛，不易脱落。果肉绿色，髓射线明显，肉质细腻，香甜，品质上等。果实可溶性固形物含量13.9%，维生素C含量618mg/100g，果实耐贮藏，常温下可贮藏45~75天。

4. 生物学习性

生长势健壮，萌芽率44%，成枝率51%，果枝率29%。在江西省南城地区，2月下旬树液开始流动，3月中旬萌芽，3月下旬展叶，4月初到4月下旬现蕾，始花期在5月初，花期持续9~10天。11月上旬果实成熟，12月上中旬落叶。

品种评价

酸甜可口，易剥皮，抗逆性较强，耐贮藏，绿肉品种，晚熟。

生境

植株

花

果实

果实

江猕 135 号

Actinidia eriantha Benth 'Jiangmi 135'

調查编号：YINYLXXB135

所属树种：毛花猕猴桃 *Actinidia eriantha* Benth

提 供 人：周国振、朱博
电　　话：13979420459
住　　址：江西省抚州市南城县农业局

调 查 人：黄春辉、徐小彪、吴　寒
电　　话：13970939317
单　　位：江西农业大学

调查地点：江西省抚州市南城县株良镇长安村

地理数据：GPS数据（海拔：624m，经度：E116°287.38″，纬度：N27°26′40.77″）

样本类型：果实、种子、枝条、叶片

生境信息

来源于当地，野生于旷野中坡度为30°的坡地，该土地为原始林，土壤质地为腐殖质丰富的壤土。树龄18年，现存1株。

植物学信息

1. 植株情况

植株生长势中等，成枝率高。

2. 植物学特征

1年生枝灰褐色，表面密集灰白色茸毛，结果母枝褐色，皮孔不明显，淡黄褐色。叶片斜生，先端渐尖，基部浅心形至心形；幼叶浅绿色，表面密集灰白色茸毛；成熟叶椭圆形，正面深绿色，背面绿色，被密度中等短茸毛，叶脉明显。聚伞花序，每花序3～5朵花，花瓣粉红色，6～8片，花丝浅红色，靠近基部花青素着色更深，花药黄色，背着式着生，萼片宿存。

3. 果实性状

果实中等偏小，单果重14～26g。果实圆柱形，花萼环明显，果肩斜，果喙圆形，果皮绿褐色，密集灰白色长茸毛，不易脱落。果肉绿色，髓射线明显，肉质细腻，香甜，易剥皮，品质上等。果实可溶性固形物含量16.1%，维生素C含量713mg/100g，果实耐贮藏，常温下可贮藏50～65天。

4. 生物学习性

生长势健壮，萌芽率47%，成枝率56%，果枝率23%。在江西省南城地区，2月下旬树液开始流动，3月中旬萌芽，3月下旬展叶，4月初到4月下旬现蕾，始花期在5月初，花期持续9～10天。4月上旬新梢开始生长，6月中下旬第一次新梢停止生长，11月上旬果实成熟，12月上中旬落叶。

品种评价

高产稳产，酸甜适度，高维生素C，抗性强，较耐贮藏，绿肉品种，晚熟品种。

生境

花蕾

花

果实

京梨 1 号

Actinidia callosa Lindl.var. *henryi* Maxim
'Jingli 1'

调查编号：YINYLXXB136

所属树种：京梨猕猴桃 *Actinidia callosa* Lindl. var.*henryi* Maxim

提供人：朱壹
电　话：13803571963
住　址：江西省赣州市信丰县油山镇

调查人：曲雪艳、吴　寒、张晓慧
电　话：15907098580
单　位：江西农业大学

调查地点：江西省赣州市信丰县嘉定镇水北村

地理数据：GPS数据（海拔：175m，经度：E114°56'，纬度：N25°24'）

样本类型：果实、种子、枝条、叶片

生境信息

来源于当地，野生于旷野中坡度为35°的坡地，该土地为原始林，土壤质地为砂壤土。现存1株。

植物学信息

1. 植株情况

植株生长势弱，成枝率中等。

2. 植物学特征

小枝较坚硬，洁净无毛，皮孔显著，芽体被锈色茸毛，多年生枝灰褐色；叶卵形，长9～11cm，宽4～5.8cm，顶端渐尖，基部阔楔形至圆形，边缘锯齿细小，叶柄水红色，长2～3.5cm，无毛；花序有花1～3朵，通常1花单生。

3. 果实性状

果实圆柱状，单果重2.49g，果实纵径2.2cm，横径1.16cm，侧径1.06cm，果形指数1.89，果柄长2.35cm，果实墨绿色，有显著的淡褐色圆形斑点。风味微酸。

4. 生物学习性

生长势弱，萌芽率41%，成枝率50%，果枝率22%。在江西信丰地区，2月下旬树液开始流动，3月上旬萌芽，3月中旬展叶，3月下旬至4月上旬现蕾，4月中旬始花，4月下旬为盛花期，4月底终花，花期持续9～10天。3月下旬新梢开始生长，6月中旬第1次新梢停止生长。5月上旬至6月上中旬为果实迅速膨大期，10月上旬果实成熟，11月下旬至12月初落叶。

品种评价

高产，偏酸，果皮无毛，抗性强，可用作砧木及杂交育种的亲本材料。

生境

植株

花

果实

果实

赣雄 1 号

Actinidia eriantha Benth 'Ganxiong 1'

调查编号：YINYLXXB137

所属树种：毛花猕猴桃 *Actinidia eriantha* Benth

提 供 人：范先红、朱博
电　　话：15279485916
住　　址：江西省抚州市南城县农业局

调 查 人：徐小彪、黄春辉、钟　敏
电　　话：13767008891
单　　位：江西农业大学

调查地点：江西省抚州市南城县麻姑山

地理数据：GPS数据（海拔：873m，经度：E116°33′59.57″，纬度：N27°32′16.29″）

样本类型：花粉、枝条、叶片

生境信息

来源于当地，野生于旷野中坡度为28°的坡地，该土地为原始林，土壤质地为砂壤土。现存1株。

植物学信息

1. 植株情况

植株生长势较强，成枝率较高。

2. 植物学特征

植株嫩枝表面密集灰白色茸毛，1年生枝阳面黄褐色，皮孔长椭圆形或圆形，淡黄色，量少。老枝褐色，皮孔不明显，淡黄褐色。叶互生，幼叶叶尖渐尖，叶基浅重叠。成熟叶片卵圆形，成叶正面深绿色，有弱波皱，无茸毛，背面浅绿色，叶脉明显，密被白色短茸毛。叶长平均值为13.58cm，叶宽11.95cm。成叶柄长3.12cm，叶柄处有白色短茸毛，嫩枝生长点与成叶叶柄处均无花青素着色。花序为假双歧聚伞花序，每花序10～14朵花，花冠直径2.90cm，花单瓣，深红色，花瓣靠近萼片处花青素着色深，顶端颜色稍淡，单花花瓣数5～8片，相接或叠生。花丝粉红色，花药背着式着生，单花雄蕊数125～155枚，花萼浅绿色，2～3裂，上具均匀白色短茸毛。

3. 生物学习性

在江西南城地区，2月中下旬树液开始流动，3月中旬萌芽，3月下旬展叶，4月上旬新梢开始生长，4月初至下旬现蕾，始花期在5月上旬，盛花期持续4～5天，终花期在5月中旬，花期持续15天。

品种评价

抗逆性强，花瓣深红色，花粉量大，花粉活力高，为授粉观赏兼用型雄株。

生境

植株

花

花

江猕 138 号

Actinidia eriantha Benth 'Jiangmi 138'

◉ 调查编号：YINYLXXB138

🔖 所属树种：毛花猕猴桃 *Actinidia eriantha* Benth

📄 提 供 人：范先红、朱博
电　　话：15279485916
住　　址：江西省抚州市南城县农业局

📋 调 查 人：钟　敏、邹梁峰、黄　清
电　　话：13677004615
单　　位：江西农业大学

📍 调查地点：江西省抚州市南城县麻姑山

🌐 地理数据：GPS数据（海拔：896m，
经度：E116°33'59.57"，纬度：N27°32'16.29"）

🖼 样本类型：花粉、枝条、叶片

🗒 生境信息

来源于当地，野生于旷野中坡度为42°的坡地，该土地为原始林，土壤质地为砂壤土。现存1株。

📋 植物学信息

1. 植株情况

植株生长势较强，成枝率较高。

2. 植物学特征

1年生枝灰白色，表面密集灰白色茸毛，老枝和结果母枝褐色，皮孔不明显，淡黄褐色。成熟叶椭圆形，叶脉明显。双歧聚伞花序，每花序6～10朵花，花瓣粉红色，6～8片。花丝粉红色，萼片2～3片，花药黄色。

3. 生物学习性

萌芽率57%，成枝率56%。在江西南城地区，2月下旬树液开始流动，3月上旬萌芽，3月中旬展叶，3月下旬至4月上旬现蕾，4月中旬始花，4月下旬为盛花期，4月底终花，花期持续9～10天。3月下旬新梢开始生长，6月中旬第一次新梢停止生长，11月下旬至12月初落叶。

📖 品种评价

花瓣深红色，授粉观赏兼用型，适应性强。

生境

植株

花

花

江猕 139 号

Actinidia eriantha Benth 'Jiangmi 139'

调查编号：YINYLXXB139

所属树种：毛花猕猴桃 *Actinidia eriantha* Benth

提供人：范先红、朱博
电　话：15279485916
住　址：江西省抚州市南城县农业局

调查人：钟　敏、邹梁峰、黄　清
电　话：13677004615
单　位：江西农业大学

调查地点：江西省抚州市南城县麻姑山

地理数据：GPS数据（海拔：792m，经度：E116°33'59.57"，纬度：N27°32'16.29"）

样本类型：花粉、枝条、叶片

生境信息

来源于当地，野生于旷野中坡度为37°的坡地，该土地为原始林，土壤质地为砂壤土。现存1株。

植物学信息

1. 植株情况

植株生长势较强，成枝率较高。

2. 植物学特征

1年生枝灰白色，表面密集灰白色茸毛，老枝和结果母枝褐色，皮孔不明显，淡黄褐色。成熟叶椭圆形，叶脉明显。双歧聚伞花序，每花序8~12朵花，花瓣红色，6~8片。萼片2~3片，花丝粉红色，花药黄色。

3. 生物学习性

萌芽率55%，成枝率57%。在江西南城地区，2月下旬树液开始流动，3月上旬萌芽，3月中旬展叶，3月下旬至4月上旬现蕾，4月中旬始花，4月下旬为盛花期，4月底终花，花期持续7~9天。3月下旬新梢开始生长，6月中旬第一次新梢停止生长，11月下旬至12月初落叶。

品种评价

花瓣玫瑰红，授粉观赏兼用型，抗逆性强。

生境

植株

花

花

江猕 157 号

Actinidia chinensis Planch 'Jiangmi 157'

调查编号：YINYLXXB157

所属树种：中华猕猴桃 *Actinidia chinensis* Planch

提 供 人：涂贵庆、李帮明
电　　话：13870565679
住　　址：江西省宜春市奉新县农业局

调 查 人：徐小彪、黄春辉、王斯妤
电　　话：13767008891
单　　位：江西农业大学

调查地点：江西省奉新县赤岸镇城下村山口组

地理数据：GPS数据（海拔：75m，经度：E115°19'9"，纬度：N28°41'25"）

样本类型：果实、种子、枝条、叶片

生境信息

来源于当地，栽植于坡度为约5°的小丘陵地，土壤质地为红壤土。现存1株。

植物学信息

1. 植株情况

植株生长势较强，成枝率中等。

2. 植物学特征

以中长果枝结果为主，连续结果强，无生理落果和采前落果。抗高温，抗风，适应性强。1年生枝绿褐色，结果母枝褐色。

3. 果实性状

果实椭圆形或卵圆形，果顶微尖。果皮褐色，成熟后部分茸毛脱落，果实较大，平均单果重87g，最大单果重128.0g。果肉黄绿色，果心小，中轴胎座质地柔软，种子较少。肉质鲜嫩可口，汁多，味甜而微酸，风味浓，口感好，耐贮藏。

4. 生物学习性

生长势较强，萌芽率45%，成枝率53%，果枝率27%。在江西奉新地区，2月下旬树液开始流动，3月上旬萌芽，3月中旬展叶，3月下旬至4月上旬现蕾，4月中旬始花，4月下旬为盛花期，4月底终花，花期持续9～10天。3月下旬新梢开始生长，6月中旬第一次新梢停止生长。5月上旬至6月上中旬为果实迅速膨大期，10月中下旬果实成熟，11月下旬至12月初落叶。

品种评价

优质，风味酸甜适度，高产，较耐贮，晚熟，抗逆性较强。

生境

叶片

花

果实

果实

山口3号

Actinidia chinensis Planch 'Shankou 3'

⊚ 调查编号：YINYLXXB158

🔑 所属树种：中华猕猴桃 *Actinidia chinensis* Planch

📄 提供人：涂贵庆、李帮明
电　话：13870565679
住　址：江西省宜春市奉新县农业局

📋 调查人：徐小彪、黄春辉、李章云
电　话：13970939317
单　位：江西农业大学

📍 调查地点：江西省奉新县赤岸镇城下村山口组

🌐 地理数据：GPS数据（海拔：75m，经度：E115°19'9"，纬度：N28°41'25"）

🖼 样本类型：果实、种子、枝条、叶片

📋 生境信息

来源于当地，栽植于坡度为约10°的小丘陵地，土壤质地为红壤土。树龄12年，现存3株。

📋 植物学信息

1. 植株情况

植株生长势中等，成枝率中等。

2. 植物学特征

新梢表面有褐色短茸毛，密度中等，新梢生长点无花青素着色；1年生枝灰绿色，平均节间长5.00cm，直径0.99cm，皮孔多短梭形，数量多。结果母枝褐色，平均节间长3.10cm，直径0.90cm。老枝灰白色，皮孔短梭形，数量中等。幼叶叶片正面无花青素着色，叶柄正面花青素着色较弱，幼叶尖端形状渐尖，幼叶基部浅重叠。成熟叶片广倒卵形或超广倒卵形，正面波皱度中等，叶长10.14cm，叶宽11.27cm，叶正面深绿色无茸毛，叶背淡绿色，茸毛密度中等，叶脉明显，上有微黄色短茸毛。叶柄长5.41cm，花单生，花瓣白色，5~7片。

3. 果实性状

果实广椭圆形或短梯形，少量短柱形，果纵径5.62cm，横径4.92cm，侧径4.14cm，果肩圆形，少量方形；果喙端微钝凸形，果柄长4.66cm。平均单果重97.5g，果皮绿褐色，均匀被黄色短茸毛，密度中等，果皮表面皮孔凸出。果实花萼环明显，萼片宿存。果肉黄色，髓射线明显，肉质细腻，略酸，品质上等。可溶性固形物含量14.58%，维生素C含量76.44mg/100g，果实常温下可贮藏15天。

4. 生物学习性

生长势较强，3年开始结果，副梢结实力强，全树成熟期一致；萌芽期3月初，展叶期3月中下旬，盛花期4月上中旬，新梢迅速生长期4月上旬开始，果实成熟期9月上旬，11月中旬落叶。

📖 品种评价

早果、优质、高产、丰产、稳产，结果性能好，早熟品种，坐果率高，抗风、耐高温。适于我国中南部地区栽培，鲜食。

生境

植株

花

果实

果实

江猕 159 号

Actinidia chinensis Planch 'Jiangmi 159'

调查编号： YINYLXXB159

所属树种： 中华猕猴桃 *Actinidia chinensis* Planch

提 供 人： 章明德
电　　话： 13767337946
住　　址： 江西省德兴市农业局

调 查 人： 徐小彪、黄春辉、王斯妤
电　　话： 13767008891
单　　位： 江西农业大学

调查地点： 江西省德兴市大茅山垦殖场旁户农门口

地理数据： GPS数据（海拔：136m，经度：E118°18'1.13"，纬度：N28°12'23.86"）

样本类型： 果实、种子、枝条、叶片

生境信息

来源于当地山林中一条溪沟边，该土地为原始林，土壤质地为黄壤土，但土层有厚厚的枯枝落叶腐殖土。树龄18年，现存1株。

植物学信息

1. 植株情况

植株树势强，成枝率中等。

2. 植物学特征

自由攀附于旁边的杉树上，不埋土露地越冬，多干。藤本，嫩梢有茸毛且为白色；成熟枝条暗褐色，皮孔圆形、椭圆形。幼叶绿色，叶下表面叶脉间稍有匍匐茸毛，叶脉间无直立茸毛；成龄叶阔卵圆形，叶尖钝尖；叶柄洼基部广开；叶片绿色，边缘具锯齿，革质光滑；叶柄长7.5～8.6cm，淡黄色。

3. 果实性状

果实长椭圆形，纵径5.68cm，横径4.14cm，平均单果重76.28g；果皮褐色，稍有茸毛，易脱落；果肉绿色，无香味。花萼环明显，果肩圆形，果喙端平，髓射线明显，种子数量中等偏少。

4. 生物学习性

在德兴地区，丰产性好，全树一致成熟，成熟期落粒轻微，一季结果。生长势健壮，萌芽率44%，成枝率51%，果枝率28%。2月下旬树液开始流动，3月上旬萌芽，3月中旬展叶，3月下旬至4月上旬现蕾，4月中旬始花，4月下旬为盛花期，4月底终花，花期持续7～9天。3月下旬新梢开始生长，6月中旬第一次新梢停止生长。5月上旬至6月上中旬为果实迅速膨大期，10月中下旬果实成熟，11月下旬至12月初落叶。

品种评价

高产，耐贮，晚熟，抗逆性强，适用于作砧木。

果实

生境

花

植株

果实

江猕 160 号

Actinidia chinensis Planch 'Jiangmi 160'

调查编号：YINYLXXB160

所属树种：中华猕猴桃 *Actinidia chinensis* Planch

提 供 人：葛翠莲
电　　话：18679128623
住　　址：江西市九江市武宁县农业局

调 查 人：徐小彪、黄春辉、汤佳乐
电　　话：13767008891
单　　位：江西农业大学

调查地点：江西省九江市武宁县巾口乡北栎村

地理数据：GPS数据（海拔：74m，经度：E115°13′56.33″，纬度：N29°19′51.67″）

样本类型：果实、枝条、叶片

生境信息

位于一农户家屋后，攀附于一棵李树上，自然生长，土壤质地为红壤土。树龄15年，现存1株。

植物学信息

1. 植株情况

植株树强旺，成枝率较高。

2. 植物学特征

自由攀附于旁边的李树上，不埋土露地越冬，多干。藤本，嫩梢稍有茸毛且为白色；成熟枝条暗褐色，皮孔圆形、椭圆形、长梭形。幼叶绿色，叶下表面叶脉间稍有匍匐茸毛，叶脉间无直立茸毛；成龄叶阔卵圆形，叶尖钝尖；叶柄洼基部广开；叶片绿色，边缘具锯齿，革质光滑；叶柄长5.5~7.8cm，淡黄色。

3. 果实性状

果实纵径4.35cm，横径3.69cm，平均单果重34.91g，果实广椭圆形；果喙微凸，果实花萼环明显，果肩方形；果皮褐色，有茸毛，黄褐色且密度中等；果肉绿色，无香味。

4. 生物学习性

在德兴地区，生长势强，稳产性好，丰产性好，全树一致成熟，成熟期落粒轻微，一季结果。萌芽率44%，成枝率56%，果枝率23%。2月下旬树液开始流动，3月上旬萌芽，3月中旬展叶，3月下旬至4月上旬现蕾，4月中旬始花，4月下旬为盛花期，4月底终花，花期持续7~9天。3月下旬新梢开始生长，6月中旬第一次新梢停止生长。5月上旬至6月上中旬为果实迅速膨大期，9月下旬至10月上旬果实成熟，11月下旬至12月初落叶。

品种评价

高产稳产，耐贮，中晚熟，适应性广。

生境

植株

花

果实

果实

江猕 161 号

Actinidia chinensis Planch 'Jiangmi 161'

调查编号：YINYLXXB161

所属树种：中华猕猴桃 *Actinidia chinensis* Planch

提供人：葛翠莲
电　话：18679128623
住　址：江西市九江市武宁县农业局

调查人：徐小彪、黄春辉、吴　寒
电　话：13767008891
单　位：江西农业大学

调查地点：江西省九江市武宁县新光有机农业示范园

地理数据：GPS数据（海拔：68.7m，经度：E115°0'99.33"，纬度：N29°29'2.67"）

样本类型：果实、种子、枝条、叶片

生境信息

位于一水库旁，人工支架，但管理粗放，土壤质地为红壤土，杂草丛生。树龄14年，现存十余株。

植物学信息

1. 植株情况

植株树势较强，成枝率中等。

2. 植物学特征

繁殖方式为嫁接，不埋土露地越冬，多干。藤本，嫩梢稍有茸毛且为白色；成熟枝条暗褐色，皮孔椭圆形、长梭形。幼叶绿色，叶下表面叶脉间稍有匍匐茸毛，叶脉间稍有直立茸毛；成龄叶墨绿色，阔卵圆形，叶尖圆或微凹；叶柄洼基部广开，边缘无锯齿，革质光滑；叶柄长10.5~11.8cm，淡紫红色。

3. 果实性状

果实长椭圆形，纵径6.53cm，横径5.49cm，平均单果重104.04g；果喙浅凹，果实花萼环明显，果肩方形；果皮绿褐色，有茸毛，密度中等；果肉为绿色，有淡淡的香味。

4. 生物学习性

生长势强，稳产性好，全树一致成熟，成熟期落果严重，一季结果。萌芽率44%，成枝率53%，果枝率29%。在武宁地区，2月下旬树液开始流动，3月上旬萌芽，3月中旬展叶，3月下旬至4月上旬现蕾，4月中旬始花，4月下旬为盛花期，4月底终花，花期持续7~10天。3月下旬新梢开始生长，6月中旬第一次新梢停止生长。5月上旬至6月上中旬为果实迅速膨大期，在当地9月下旬果实成熟，11月下旬至12月初落叶。

品种评价

产量高，耐贮藏，中晚熟，抗逆性强。

植株

生境

花

果实

果实

江猕 162 号

Actinidia chinensis Planch 'Jiangmi 162'

⊙ 调查编号： YINYLXXB162

▤ 所属树种： 中华猕猴桃 *Actinidia chinensis* Planch

▤ 提 供 人： 黄素琴
　　电　　话： 13387948133
　　住　　址： 江西省抚州市宜黄县林业局

▤ 调 查 人： 黄春辉、吴　寒、张晓慧
　　电　　话： 13970939317
　　单　　位： 江西农业大学

◎ 调查地点： 江西省抚州市宜黄县南源乡黄家地村吴上山

⊕ 地理数据： GPS数据（海拔：657m，经度：E116°24′26.33″，纬度：N27°29′19.49″）

▣ 样本类型： 果实、种子、枝条、叶片

📋 生境信息

　　来源于当地，生于山林中坡度为40°的坡地，该土地为原始林，土壤质地为红黄壤土，但土表层有20cm左右枯枝烂叶腐殖土。自由攀附于高30m以上的杉树上。树龄18年，现存1株。

📋 植物学信息

1. 植株情况

　　植株树势强旺，成枝率高。

2. 植物学特征

　　3~4根主干，藤本，嫩梢稍有茸毛且为白色；成熟枝条暗褐色，皮孔椭圆形、长梭形。幼叶绿色，叶下表面叶脉间稍有匍匐茸毛，叶脉间稍有直立茸毛；成龄叶墨绿色，阔卵圆形，叶尖钝尖；叶柄洼基部广开；叶片边缘无锯齿，革质光滑；叶柄长6.15~6.78cm，淡黄色。

3. 果实性状

　　果实卵圆形，纵径4.06cm，横径3.27cm，平均单果重25.62g；果面光滑无毛，果心红色，有淡淡香味。果实可溶性固形物含量可达14.2%，干物质含量可达21.3%。

4. 生物学习性

　　生长势强，稳产性好，全树一致成熟，成熟期前落果不严重，一季结果。萌芽率47%，成枝率56%，果枝率25%。在宜黄地区，3月上旬树液开始流动，3月初萌芽，3月中旬展叶，3月下旬至4月上旬现蕾，4月中旬始花，4月下旬盛花，4月底终花，花期持续9~10天。3月下旬新梢开始生长，6月中旬第一次新梢停止生长。5月上旬至6月上中旬为果实迅速膨大期，10月中上旬果实成熟，11月下旬至12月初落叶。

📋 品种评价

　　高产，酸甜可口，有香气，耐贮，晚熟，抗逆性较强。

植株

花

果实

果实

果实

江猕 163 号

Actinidia chinensis Planch 'Jiangmi 163'

- 调查编号：YINYLXXB163

- 所属树种：中华猕猴桃 *Actinidia chinensis* Planch

- 提 供 人：黄素琴
  电　　话：13387948133
  住　　址：江西省抚州市宜黄县林业局

- 调 查 人：黄春辉、吴　寒、张晓慧
  电　　话：13970939317
  单　　位：江西农业大学

- 调查地点：江西省抚州市宜黄县南源乡黄家地村吴上山

- 地理数据：GPS数据（海拔：657m，经度：E116°24'26.33"，纬度：N27°29'19.49"）

- 样本类型：果实、种子、枝条、叶片

生境信息

来源于当地，生于山林中坡度为40°的坡地，该土地为原始林，土壤质地为红黄壤土，但土表层有20cm左右枯枝烂叶腐殖土。自由攀附于高25m以上的杉树上，树龄15年。异位高接于果园，现存2株。

植物学信息

1. 植株情况

植株树势强旺，成枝率较高。

2. 植物学特征

多主干，藤本，嫩梢稍有茸毛且为白色；成熟枝条暗褐色，皮孔椭圆形、长梭形。幼叶绿色，叶下表面叶脉间稍有匍匐茸毛，叶脉间稍有直立茸毛；成龄叶绿色，卵圆形，叶尖锐尖或钝尖；叶柄洼基部广开；叶片边缘无锯齿，革质光滑；叶柄长6.93～7.81cm，淡黄色。

3. 果实性状

果实短圆柱形，纵径4.16cm，横径3.42cm，平均单果重35.86g；果面光滑无毛，果肉黄色，有淡淡香味。果实可溶性固形物含量可达16.6%，干物质含量可达20.9%。

4. 生物学习性

生长势强，稳产性好，全树一致成熟，成熟期前落果不严重，一季结果。萌芽率47%，成枝率57%，果枝率23%。在宜黄地区，2月下旬树液开始流动，3月上旬萌芽，3月中旬展叶，3月下旬至4月上旬现蕾，4月中旬始花，4月下旬为盛花期，4月底终花，花期持续7～9天。3月下旬新梢开始生长，6月中旬第一次新梢停止生长。5月上旬至6月上中旬为果实迅速膨大期，10月上旬果实成熟，11月下旬至12月初落叶。

品种评价

早果高产，风味香甜，耐贮，晚熟，黄肉品种，抗逆性较强。

生境

植株

花

果实

果实

赣雄 2 号

Actinidia eriantha Benth 'Ganxiong 2'

◉ 调查编号： YINYLXXB202

▤ 所属树种： 毛花猕猴桃 *Actinidia eriantha* Benth

▤ 提 供 人： 符士、朱博
电　　话： 18179403588
住　　址： 江西省抚州市南城县

▤ 调 查 人： 钟　敏、郎彬彬、谢　敏
电　　话： 13677004615
单　　位： 江西农业大学

◉ 调查地点： 江西省抚州市南城县麻姑山

⊕ 地理数据： GPS数据（海拔：864m，
经度：E116°33'59.57"，纬度：N27°32'16.29"）

▤ 样本类型： 花粉、枝条、叶片

📋 生境信息

来源于当地，野生于旷野中15°的坡地，该土地为原始林，土壤质地为砂壤土，树龄12年。高接于果园中，现存1株。

📑 植物学信息

1. 植株情况

植株树势强，成枝率高。

2. 植物学特征

植株嫩枝表面密集灰白色茸毛，1年生枝阳面黄褐色，皮孔长椭圆形或圆形，淡黄色，量少。老枝褐色，皮孔不明显，淡黄褐色。叶互生，幼叶叶尖渐尖，叶基浅重叠。成熟叶片卵圆形，成叶正面深绿色，有弱波皱，无茸毛，背面浅绿色，叶脉明显，密被白色短茸毛。叶长14.07cm，宽9.57cm，叶柄长2.48cm，有白色短茸毛，嫩枝生长点与成叶叶柄处均无花青素着色。花序为假双歧聚伞花序，每花序3～7朵花，花冠直径3.73cm，花单瓣，深红色，花瓣靠近萼片处花青素着色深，顶端颜色稍淡，单花花瓣数5～6片，相接或叠生。花丝粉红，花药背着式着生，单花雄蕊数217～253枚，花萼浅绿色，2～3裂，上具均匀白色短茸毛。

3. 生物学习性

生长势健壮。在江西南城地区，2月中下旬树液开始流动，3月中旬萌芽，3月下旬展叶，4月上旬新梢开始生长，4月初至下旬现蕾，始花期在5月上旬，盛花期持续4～5天，终花期在5月中下旬，花期持续15～20天。

📋 品种评价

花瓣深红色，花粉量大，花粉活力高，花期长，为中晚花授粉专用型雄株。

生境

植株

花

花蕾

赣雄 3 号

Actinidia eriantha Benth 'Ganxiong 3'

调查编号： YINYLXXB203

所属树种： 毛花猕猴桃 *Actinidia eriantha* Benth

提 供 人： 涂贵庆、李帮明
电　　话： 13870565679
住　　址： 江西省宜春市奉新县农业局

调 查 人： 钟　敏、廖光联、陈　璐
电　　话： 136770046151
单　　位： 江西农业大学

调查地点： 江西省奉新县赤岸镇城下村山口组

地理数据： GPS数据（海拔：70m，经度：E115°19'9"，纬度：N28°41'25"）

样本类型： 花粉、枝条、叶片

生境信息

来源于当地，野生于路边的坡地，该土地为10°的丘陵缓坡地，土壤质地为砂壤土。异位高接于江西省奉新县猕猴桃种质资源圃，现存1株。

植物学信息

1. 植株情况

植株树势强，成枝率中等。

2. 植物学特征

植株嫩枝表面密集灰白色茸毛，1年生枝阳面暗褐色，皮孔以短梭形为主，淡黄色，数量中等。老枝灰褐色，皮孔以短梭形为主，黄褐色，数量中等。叶互生，幼叶叶尖渐尖，叶基广开。成熟叶片卵圆形，成叶正面深绿色，有弱波皱，无茸毛，背面浅绿色，叶脉明显，密被白色短茸毛，叶片平均长13.34cm，宽9.04cm，叶柄平均长1.86cm。嫩枝生长点与成叶叶柄处均无花青素着色。花序为双歧聚伞花序，每花序3～7朵花，花冠直径4.04cm，花单瓣，粉红色，花瓣靠近萼片处花青素着色深，顶端颜色稍淡，单花花瓣数5～6片，相接或叠生。花丝粉红，花药黄色，背着式着生，单花雄蕊数193～265枚，花萼浅绿色，2～3裂，上具均匀白色短茸毛。

3. 生物学习性

生长势健壮，在江西奉新地区，2月中下旬树液开始流动，3月中旬萌芽，3月下旬展叶，4月上旬新梢开始生长，4月初至下旬现蕾，始花期在5月上旬，盛花期持续4～5天，终花期在5月中下旬，花期持续10天左右。

品种评价

花粉量非常大，花粉活力高，为中晚花授粉专用型雄株。

生境

植株

花

花蕾

花

赣雄 4 号

Actinidia eriantha Benth 'Ganxiong 4'

- 调查编号： YINYLXXB204
- 所属树种： 毛花猕猴桃 *Actinidia eriantha* Benth
- 提 供 人： 彭萍华
  电　　话： 13177966258
  住　　址： 江西省井冈山市农业局
- 调 查 人： 徐小彪、钟　敏、陈　璐
  电　　话： 13767008891
  单　　位： 江西农业大学
- 调查地点： 江西省吉安市井冈山
- 地理数据： GPS数据（海拔：804m，经度：E114°17'2.81"，纬度：N26°45'5.33"）
- 样本类型： 花粉、枝条、叶片

生境信息

来源于当地，野生于路边的15°坡地，该土地为原始林，土壤质地为红壤土。树龄15年，现存1株。

植物学信息

1. 植株情况

植株树势强，成枝率较高。

2. 植物学特征

植株嫩枝表面密集灰白色茸毛，1年生枝阳面棕褐色，皮孔以点状与短梭形为主，淡黄色，数量中等。老枝灰棕褐色，皮孔以短梭形为主，黄褐色，数量中等。叶互生，幼叶叶尖渐尖，叶基广开。成熟叶片卵圆形，成叶正面深绿色，有弱波皱，无茸毛，背面浅绿色，叶脉明显，密被白色短茸毛，叶片平均长12.98cm，宽7.27cm，叶柄平均长1.17cm。嫩枝生长点与成叶叶柄处均无花青素着色。花序为双歧聚伞花序，每花序3～7朵花，花冠直径2.92cm，花单瓣，粉红色，单花花瓣数5～6片，相接或叠生。花丝粉红色，花药黄色，背着式着生，单花雄蕊数141～175枚，花萼浅绿色，2～3裂，上具均匀白色短茸毛。

3. 生物学习性

生长势健壮，在江西吉安地区，2月中下旬树液开始流动，3月中旬萌芽，3月下旬展叶，4月上旬新梢开始生长，4月中旬至5月上旬现蕾，始花期在5月中下旬，盛花期持续4～5天，终花期在5月下旬，花期持续10天左右。

品种评价

花粉量大，花粉活力高，为中晚花授粉专用型雄株。

生境

植株

花

花

枝条

赣雄 5 号

Actinidia eriantha Benth 'Ganxiong 5'

调查编号：YINYLXXB205

所属树种：毛花猕猴桃 *Actinidia eriantha* Benth

提 供 人：何金文
电　　话：13767371873
住　　址：江西省上饶市上饶县五府山镇

调 查 人：徐小彪、陶俊杰、廖光联
电　　话：13767008891
单　　位：江西农业大学

调查地点：江西省上饶市上饶县五府山镇

地理数据：GPS数据（海拔：750m，经度：E118°02'50.61"，纬度：N28°08'33.71"）

样本类型：花粉、枝条、叶片

生境信息

来源于当地，野生于路边的坡地，该土地为5°的缓坡地，土壤质地为砂质红壤土。树龄12年，现存1株。

植物学信息

1. 植株情况

植株树势强，成枝率高。

2. 植物学特征

植株嫩枝表面密集灰白色茸毛，1年生枝阳面棕褐色，皮孔以短梭形为主，有淡黄色，数量中等。老枝深褐色，皮孔以短梭形为主，黄褐色，数量中等。叶互生，幼叶叶尖渐尖，叶基广开。成熟叶片卵圆形，成叶正面深绿色，有弱波皱，无茸毛，背面浅绿色，叶脉明显，密被白色短茸毛，叶片平均长12.86cm，宽9.75cm，叶柄平均长1.03cm。嫩枝生长点与成叶叶柄处均无花青素着色。花序为双歧聚伞花序，每花序3~5朵花，花冠直径3.29cm，花单瓣，粉红色，单花花瓣数5~6片，相接或叠生。花丝粉红色，花药黄色，背着式着生，单花雄蕊数186~197枚，花萼浅绿色，2~3裂，上具均匀白色短茸毛。

3. 生物学习性

生长势健壮，在江西五府山地区，2月中下旬树液开始流动，3月中旬萌芽，3月下旬展叶，4月上旬新梢开始生长，4月下旬现蕾，始花期在5月上中旬，盛花期持续4~5天，终花期在5月下旬，花期持续10天左右。

品种评价

花瓣颜色艳丽，花梗长，花粉量大，可为中晚花授粉观赏兼用型雄株。

植株

生境

花

花

赣雄 6 号

Actinidia eriantha Benth 'Ganxiong 6'

 调查编号： YINYLXXB206

 所属树种： 毛花猕猴桃 *Actinidia eriantha* Benth

 提供人： 钟敏
　电　话： 13677004615
　住　址： 江西农业大学

 调查人： 徐小彪、黄　清、邹梁峰
　电　话： 13767008891
　单　位： 江西农业大学

 调查地点： 江西省萍乡市武功山

 地理数据： GPS数据（海拔：363m，
　经度：E114°13'22.06"，纬度：N25°23'22.94"）

 样本类型： 花粉、枝条、叶片

生境信息

来源于当地，野生于路边的坡地，高接于种质资源圃。该土地为10°的丘陵缓坡地，土壤质地为砂壤土。树龄12年，现存1株。

植物学信息

1. 植株情况

植株树势强，成枝率高。

2. 植物学特征

植株嫩枝表面密集灰白色茸毛，1年生枝阳面灰褐色，皮孔以长梭形为主，有短梭形，淡黄色，数量中等。老枝灰棕褐色，皮孔以短梭形为主，黄褐色，数量中等。叶互生，幼叶叶尖渐尖，叶基广开。成熟叶片卵圆形，成叶正面深绿色，有弱波皱，无茸毛，背面浅绿色，叶脉明显，密被白色短茸毛，叶片平均长15.86cm，宽9.40cm，叶柄平均长1.05cm。嫩枝生长点与成叶叶柄处均无花青素着色。花序为双歧聚伞花序，每花序3~5朵花，花冠直径2.99cm，花单瓣，紫红色，单花花瓣数5~6片，相接或叠生。花丝深红色，花药黄色，背着式着生，单花雄蕊数95~120枚，花萼浅绿色，2~3裂，上具均匀白色短茸毛。

3. 生物学习性

生长势健壮，在江西萍乡地区，2月中下旬树液开始流动，3月中旬萌芽，3月下旬展叶，4月上旬新梢开始生长，4月初至下旬现蕾，始花期在5月上中旬，盛花期持续4~5天，终花期在5月中下旬，花期持续10天左右。

品种评价

花瓣颜色艳丽，可为观赏型雄株。

植株

植株

花

花蕾

花

赣雄7号

Actinidia eriantha Benth 'Ganxiong 7'

调查编号：YINYLXXB207

所属树种：毛花猕猴桃 *Actinidia eriantha* Benth

提 供 人：何金文
电　　话：13767371873
住　　址：江西省上饶市上饶县五府山镇

调 查 人：徐小彪、邹梁峰、廖光联
电　　话：13767008891
单　　位：江西农业大学

调查地点：江西省上饶市上饶县五府山镇

地理数据：GPS数据（海拔：660m，经度：E118°02′50.61″，纬度：N28°08′33.71″）

样本类型：花粉、枝条、叶片

生境信息

来源于当地，野生于路边的坡地，该土地为5°的缓坡地，土壤质地为砂质红壤土。树龄10年，现存1株。

植物学信息

1. 植株情况

植株树势强，成枝率高。

2. 植物学特征

植株嫩枝表面密集灰白色茸毛，1年生枝阳面棕褐色，皮孔以短梭形为主，淡黄色，数量中等。老枝灰褐色，皮孔以短梭形为主，黄褐色，数量中等。叶互生，幼叶叶尖渐尖，叶基广开。成熟叶片卵圆形，成叶正面深绿色，有弱波皱，无茸毛，背面浅绿色，叶脉明显，密被白色短茸毛，叶片平均长13.87cm，宽9.08cm，叶柄平均长1.02cm。嫩枝生长点与成叶叶柄处均无花青素着色。花序为双歧聚伞花序，每花序3～7朵花，花冠直径3.39cm，花单瓣，粉红色，与花萼相交处着色深。单花花瓣数5～6片，相接或叠生。花丝深红色，花药黄色，背着式着生，单花雄蕊数110～140枚，花萼浅绿色，2～3裂，上具均匀白色短茸毛。

3. 生物学习性

生长势健壮，在江西上饶地区，2月中下旬树液开始流动，3月中旬萌芽，3月下旬展叶，4月上旬新梢开始生长，4月初至下旬现蕾，始花期在5月上中旬，盛花期持续4～5天，终花期在5月中下旬，花期持续10天左右。

品种评价

花瓣颜色艳丽，花粉量大，活力高，可为观赏授粉兼用型雄株。

生境

花

花

花

赣雄 8 号

Actinidia eriantha Benth 'Ganxiong 8'

调查编号: YINYLXXB208

所属树种: 毛花猕猴桃 *Actinidia eriantha* Benth

提 供 人: 符士、朱博
电　　话: 18179403588
住　　址: 江西省抚州市南城县

调 查 人: 徐小彪、李章云、王斯妤
电　　话: 13767008891
单　　位: 江西农业大学

调查地点: 江西省抚州市南城县株良镇长安村

地理数据: GPS数据（海拔: 266m, 经度: E116°28'7.38"，纬度: N27°26'40.77"）

样本类型: 花粉、枝条、叶片

生境信息

来源于当地，野生于35°的坡地，该土地为原始林，土壤质地为砂壤土。树龄18年，现存1株。

植物学信息

1. 植株情况

植株树势强，成枝率高。

2. 植物学特征

植株嫩枝表面密集灰白色茸毛，1年生枝阳面灰褐色，皮孔以短梭形为主，有长梭形，淡黄色，数量中等。老枝棕褐色，皮孔以短梭形为主，黄褐色，数量中等。叶互生，幼叶叶尖渐尖，叶基广开。成熟叶片卵圆形，成叶正面深绿色，有弱波皱，无茸毛，背面浅绿色，叶脉明显，密被白色短茸毛，叶片平均长12.84cm，宽8.96cm，叶柄平均长0.96cm。嫩枝生长点与成叶叶柄处均无花青素着色。花序为双歧聚伞花序，每花序3～7朵花，花冠直径3.39cm，花单瓣，深粉红色，单花花瓣数5～6片，相接或叠生。花丝粉红色，花药黄色，背着式着生，单花雄蕊数110～140枚，花萼浅绿色，2～3裂，上具均匀白色短茸毛。

3. 生物学习性

生长势健壮，在江西南城地区，2月中下旬树液开始流动，3月中旬萌芽，3月下旬展叶，4月上旬新梢开始生长，4月初至下旬现蕾，始花期在5月上旬，盛花期持续4～5天，终花期在5月中下旬，花期持续10天左右。

品种评价

花瓣深粉红色，颜色艳丽，可为观赏型雄株。

生境

植株

花

花蕾

赣雄 9 号

Actinidia eriantha Benth 'Ganxiong 9'

🔘 调查编号： YINYLXXB209

📇 所属树种： 毛花猕猴桃 *Actinidia eriantha* Benth

📄 提 供 人： 何金文
电　　话： 13767371873
住　　址： 江西省上饶市上饶县五府山镇

🔍 调 查 人： 徐小彪、邹梁峰、廖光联
电　　话： 13767008891
单　　位： 江西农业大学

📍 调查地点： 江西省上饶市上饶县五府山镇

🌐 地理数据： GPS数据（海拔：730m，经度：E118°02'50.61"，纬度：N28°08'33.71"）

🖼 样本类型： 花粉、枝条、叶片

📋 **生境信息**

来源于当地，野生于路边5°的坡地，该土地为原始林，土壤质地为砂质红壤土。树龄15年，现存1株。

📋 **植物学信息**

1. 植株情况

植株树势强，成枝率高。

2. 植物学特征

植株嫩枝表面密集灰白色茸毛，1年生枝阳面棕褐色，皮孔以点为主，有短梭形，淡黄色，数量中等。老枝灰棕褐色，皮孔以短梭形为主，黄褐色，数量中等。叶互生，幼叶叶尖渐尖，叶基广开。成熟叶片卵圆形，成叶正面深绿色，有弱波皱，无茸毛，背面浅绿色，叶脉明显，密被白色短茸毛，叶片平均长13.42cm，宽9.86cm，叶柄平均长0.98cm。嫩枝生长点与成叶叶柄处均无花青素着色。花序为双歧聚伞花序，每花序3～7朵花，花冠直径3.06cm，花单瓣，粉红色，单花花瓣数5～7片，相接或叠生。花丝深红色，花药黄色，背着式着生，单花雄蕊数192～200枚，花萼浅绿色，2～3裂，上具均匀白色短茸毛。

3. 生物学习性

生长势健壮，在江西上饶地区，2月中下旬树液开始流动，3月中旬萌芽，3月下旬展叶，4月上旬新梢开始生长，4月初至下旬现蕾，始花期在5月上中旬，盛花期持续4～5天，终花期在5月中下旬，花期持续10天左右。

📋 **品种评价**

花粉量大，活力高，花瓣粉红色，可为授粉专用型雄株。

植株

生境

花

花

赣雄 10 号

Actinidia eriantha Benth 'Ganxiong 10'

调查编号：YINYLXXB210

所属树种：毛花猕猴桃 *Actinidia eriantha* Benth

提 供 人：廖明德
电　　话：15970066352
住　　址：江西省赣州市安远县车头镇

调 查 人：徐小彪、陶俊杰、廖光联
电　　话：13767008891
单　　位：江西农业大学

调查地点：江西省赣州市安远县

地理数据：GPS数据（海拔：338m，
经度：E115°20'3.40"，纬度：N25°11'33.22"）

样本类型：花粉、枝条、叶片

生境信息

来源于当地，野生于路边65°的坡地，该土地为次生林，土壤质地为红壤土。树龄20年，现存1株。

植物学信息

1. 植株情况

植株树势强，成枝率高。

2. 植物学特征

植株嫩枝表面密集灰白色茸毛，1年生枝阳面棕褐色，皮孔以点为主，有短梭形，淡黄色，数量中等。老枝灰棕褐色，皮孔以短梭形为主，黄褐色，数量中等。叶互生，幼叶叶尖渐尖，叶基广开。成熟叶片卵圆形，成叶正面深绿色，有弱波皱，无茸毛，背面浅绿色，叶脉明显，密被白色短茸毛，叶片平均长11.17cm，宽8.69cm，叶柄平均长1.71cm。嫩枝生长点与成叶叶柄处均无花青素着色。花序为双歧聚伞花序，每花序3~7朵花，花冠直径2.83cm，花单瓣，淡粉红色，与花萼相交处为粉红。单花花瓣数5~6片，相接或叠生。花丝淡粉色，花药黄色，背着式着生，单花雄蕊数87~106枚，花萼浅绿色，2~3裂，上具均匀白色短茸毛。

3. 生物学习性

生长势健壮，在江西赣州地区，2月中下旬树液开始流动，3月中旬萌芽，3月下旬展叶，4月上旬新梢开始生长，4月初至下旬现蕾，始花期在5月上旬，盛花期持续4~5天，终花期在5月中下旬，花期持续10天左右。

品种评价

花瓣粉红色，花粉量大，可为观赏授粉兼用型雄株。

生境

植株

花

花

花

赣雄 11 号

Actinidia chinensis Planch 'Ganxiong 11'

调查编号：YINYLXXB211

所属树种：中华猕猴桃 *Actinidia chinensis* Planch

提供人：朱壹
电　话：13803571963
住　址：江西省赣州市信丰县油山镇

调查人：徐小彪、廖光联、陈　璐
电　话：13767008891
单　位：江西农业大学

调查地点：江西省赣州市信丰县

地理数据：GPS数据（海拔：200m，经度：E114°55'5.31"，纬度：N25°23'22.94"）

样本类型：花粉、枝条、叶片

生境信息

来源于当地，野生于坡度为20°的丘陵山地，土壤质地为黄壤土，树龄13年。异位高接于果园中，现存1株。

植物学信息

1. 植株情况

植株树势强，成枝率高。

2. 植物学特征

植株嫩枝表面密集白色短茸毛，1年生枝阳面褐色，皮孔椭圆状，数量中等，白色。老枝褐色，皮孔不明显，淡黄褐色。叶片阔倒卵形或近扇形，边缘锯齿状，幼叶叶尖凹尖。成熟叶片正面深绿色，有弱波皱，无茸毛，背面棕绿色，叶脉明显，密被白色短茸毛。叶长6.68cm，宽8.17cm，成叶叶柄长2.98cm。花序为双歧聚伞花序，每花序3朵花，花冠直径2.72cm，花单瓣，白色，单花花瓣数7～8片，叠生。花丝浅绿色，花药全着式，平均单花雄蕊数47枚，花萼浅绿色。单花花粉量极大。

3. 生物学习性

生长势健壮。在江西信丰地区，3月上旬现蕾，始花期在3月下旬，盛花期持续6～7天，终花期在4月中旬，花期持续12～15天。

品种评价

花粉量极大，花期特早型，二倍体雄株。

生境

植株

花

花

叶片

赣雄 12 号

Actinidia chinensis Planch 'Ganxiong 12'

🔖 调查编号：YINYLXXB212

📇 所属树种：中华猕猴桃 *Actinidia chinensis* Planch

📄 提 供 人：帅胜全
电　　话：13879536095
住　　址：江西省宜春市奉新县

📋 调 查 人：徐小彪、廖光联、陈　璐
电　　话：13767008891
单　　位：江西农业大学

📍 调查地点：江西省奉新县赤岸镇城下村山口组

🌐 地理数据：GPS数据（海拔：70m，经度：E115°19'9"，纬度：N28°41'25"）

🖼 样本类型：花粉、枝条、叶片

📋 **生境信息**

来源于当地，野生于坡度15°的丘陵山地，土壤质地为砂质红壤土。树龄12年，现存1株。

📋 **植物学信息**

1. 植株情况
植株树势强，成枝率高。

2. 植物学特征
植株嫩枝表面密集灰短茸毛，1年生枝阳面灰褐色，皮孔长梭形，淡黄色，数量中等。老枝褐色，皮孔不明显，淡黄褐色。成熟叶片卵圆形，成熟叶片正面深绿色，无波皱，无茸毛，背面中绿色，叶脉明显。花序为双歧聚伞花序，花冠直径1.694cm，花瓣粉红色，单花花瓣数5~6片，叠生。花丝嫩绿，花药全着式。花萼绿色，花粉活力较高。

3. 生物学习性
生长势健壮。在江西奉新地区，3月下旬现蕾，始花期在4月上旬，盛花期在4月中旬，盛花期持续8~9天，终花期在4月下旬，花期持续18~20天。

📋 **品种评价**

花瓣白色，花粉量大，花粉活力高，花期长，二倍体，可作为配套授粉雄株使用。

生境

植株

花

花蕾

花

赣雄 13 号

Actinidia chinensis Planch 'Ganxiong13'

调查编号： YINYLXXB213

所属树种： 中华猕猴桃 *Actinidia chinensis* Planch

提 供 人： 朱壹
电　　话： 13803571963
住　　址： 江西省赣州市信丰县油山镇

调 查 人： 徐小彪、廖光联、陈　璐
电　　话： 13767008891
单　　位： 江西农业大学

调查地点： 江西省赣州市信丰县

地理数据： GPS数据（海拔：198m，
经度：E114°55'5.31"，纬度：N25°23'22.94"）

样本类型： 花粉、枝条、叶片

生境信息

来源于当地，生于坡度为20°的丘陵山地，土壤质地为砂质黄壤土。树龄15年，现存1株。

植物学信息

1. 植株情况

植株树势强，成枝率高。

2. 植物学特征

植株嫩枝表面密集白色短茸毛，1年生枝阳面褐色，皮孔数量中等，白色，长梭状。老枝褐色，皮孔不明显，淡黄褐色。叶片阔卵形，边缘锯齿状，幼叶叶尖凹尖。成熟叶片成叶正面深绿色，有弱波皱，无茸毛，背面浅绿色，叶脉明显，密被白色短茸毛。叶长6.11cm，宽7.43cm，叶柄长3.91cm。花序为双歧聚伞花序，每花序3朵花，花冠直径3.78cm，花单瓣，白色，单花花瓣数6～7片，叠生。花丝浅绿色，花药全着式，单花雄蕊数74枚，花萼浅绿色。花粉活力较高。

3. 生物学习性

生长势健壮。在江西信丰地区，4月上旬现蕾，始花期在4月中下旬，盛花期持续8～9天，终花期在5月初，花期持续16～18天。

品种评价

花粉活力高，花期特晚，四倍体雄株。

生境

植株

花

花

赣雄 14 号

Actinidia hemsleyana Dunn 'Ganxiong 14'

🔘 调查编号： YINYLXXB214

🔖 所属树种： 长叶猕猴桃 *Actinidia hemsleyana* Dunn

📄 提 供 人： 何金文
电　　话： 13767371873
住　　址： 江西省上饶市上饶县五府山镇

📋 调 查 人： 徐小彪、邹梁峰、廖光联
电　　话： 13767008891
单　　位： 江西农业大学

📍 调查地点： 江西省上饶市上饶县五府山镇

🌐 地理数据： GPS数据（海拔：782m，经度：E118°02'50.61"，纬度：N28°08'33.71"）

🖼 样本类型： 花粉、枝条、叶片

📋 生境信息

来源于当地野生资源，生长于高海拔地区，依附于一棵构树上，土壤质地为红壤土，树龄12年，现存1株。

📰 植物学信息

1. 植株情况

植株树势较强，成枝率中等。

2. 植物学特征

1年生枝褐色，表面密集棕褐色茸毛，老枝褐色，皮孔长梭形且明显，淡黄色。幼叶狭长形，叶脉明显。花瓣5~7片，粉色，花药浅紫色，花萼4~5片，绿色。成熟叶片正面深绿色，背面浅绿色，被棕褐色短茸毛。叶长12.51cm，宽3.41cm，叶柄长3.91cm。

3. 生物学习性

生长势健壮。在江西五府山地区，4月下旬现蕾，始花期在5月上旬，盛花期持续8~9天，终花期在5月下旬，花期持续10~12天。

📖 品种评价

花瓣粉色，花药紫色，为观赏型雄株。

植株

生境

花

花

赣长1号

Actinidia hemsleyana Dunn 'Ganchang 1'

🔲 调查编号： YINYLXXB215

🏛 所属树种： 长叶猕猴桃 *Actinidia hemsleyana* Dunn

📋 提 供 人： 何金文
电　　话： 13767371873
住　　址： 江西省上饶市上饶县五府山镇

📋 调 查 人： 徐小彪、廖光联
电　　话： 13767008891
单　　位： 江西农业大学

📍 调查地点： 江西省上饶市上饶县五府山镇

🌐 地理数据： GPS数据（海拔：994m，经度：E118°02'50.61"，纬度：N28°08'33.71"）

🖼 样本类型： 果实、种子、枝条、叶片

🗂 生境信息

来源于当地野生资源，生长于高海拔地区，依附于一棵杉树上，土壤质地为红壤土，树龄16年，现存1株。

📑 植物学信息

1. 植株情况

植株树势中庸，成枝率中等。

2. 植物学特征

着果数多。1年生枝褐色，表面密被棕褐色茸毛，老枝和结果母枝褐色，皮孔长梭形且明显，淡黄色。叶片狭长形，叶片正面深绿色，背面浅绿色，被棕褐色茸毛，叶长13.32cm，宽3.21cm，叶柄长3.52cm，叶脉明显。

3. 果实性状

果实卵形，整齐均匀，果喙微尖状，果肩圆，花萼环明显，果皮棕黄色，被有密集且不易脱落的短茸毛，果实外形美观。平均单果重8.0g，最大果重10.0g，纵径约3.7cm，横径约1.8cm，侧径约1.7cm。

4. 生物学习性

生长势健壮。在江西五府山地区，4月下旬现蕾，始花期在5月上旬，盛花期持续7～8天，终花期在下月初，花期持续10～12天。

📖 品种评价

叶片狭长，花鲜红色，具观赏性，适应性及抗逆性强。

生境

花

果实

果实

五府毛冬瓜

Actinidia eriantha Benth 'Wufumaodonggua'

调查编号：YINYLXXB216

所属树种：毛花猕猴桃 *Actinidia eriantha* Benth

提 供 人：何金文
电　　话：13767371873
住　　址：江西省上饶市上饶县五府山镇

调 查 人：徐小彪、廖光联
电　　话：13767008891
单　　位：江西农业大学

调查地点：江西省上饶市上饶县五府山镇

地理数据：GPS数据（海拔：689m，经度：E118°02'50.61"，纬度：N28°08'33.71"）

样本类型：果实、种子、枝条、叶片

生境信息

来源于当地野生毛花猕猴桃种质资源，生长于高海拔地区，依附于一棵野生竹子上，土壤质地砂质红壤土，树龄13年，现存1株。

植物学信息

1. 植株情况

植株树势中庸，成枝率中等。

2. 植物学特征

着果数多。1年生枝灰色，表面密被白色茸毛，老枝和结果母枝褐色，皮孔长梭形且不明显，淡黄褐色。幼叶广卵形，叶长1.37cm，宽1.17cm，叶柄长2.52cm，叶脉明显。成熟叶片正面深绿色，背面浅绿色，被灰白色短茸毛。花序为聚伞花序，花瓣5～7片，粉红色，花药黄色，花丝浅红色，萼片宿存，2～3片，绿色。

3. 果实性状

果实长圆柱形，整齐均匀，果喙钝凸状，果肩圆形，花萼环明显，果皮棕黄色，被有密集且不易脱落的短茸毛，果实外形美观。平均单果重20.2g，最大果重26.3g，纵径约5.2cm，横径约2.6cm，侧径约2.3cm。

4. 生物学习性

生长势健壮。在江西五府山地区，4月下旬现蕾，始花期在5月上旬，盛花期持续7～8天，终花期在6月初，花期持续8～10天。

品种评价

单果重较大，花瓣红色，花具有观赏性。

植林

生境

花

果实

果实

下禹溪1号

Actinidia eriantha Benth 'Xiayuxi 1'

调查编号： YINYLXXB217

所属树种： 毛花猕猴桃 *Actinidia eriantha* Benth

提 供 人： 何金文
电　　话： 13767371873
住　　址： 江西省上饶市上饶县五府山镇

调 查 人： 徐小彪、廖光联、李西时
电　　话： 13767008891
单　　位： 江西农业大学

调查地点： 江西省上饶市上饶县五府山镇下禹溪村

地理数据： GPS数据（海拔：1021m，经度：E118°02'50.61"，纬度：N28°08'33.71"）

样本类型： 果实、种子、枝条、叶片

生境信息

来源于当地高海拔地区，依附于旁边高大乔木上，土壤质地为砂壤土，土表层有一层枯枝烂叶腐殖土。树龄15年，现存1株。

植物学信息

1. 植株情况

植株树势强，成枝率高。

2. 植物学特征

1年生枝灰褐色，表面密集灰白色茸毛，老枝和结果母枝棕褐色，皮孔短梭形，淡黄褐色。成熟叶卵圆形，正面深绿色，无毛，背面浅绿色，被短茸毛，密度中等，叶脉明显，叶柄上被浅黄色短茸毛。花芽为混合芽，花序为聚伞花序，每花序3～5朵花，花瓣淡红色，6～8片。叶片斜生，两轮出叶，先端突尖，基部浅心形，叶柄长2～3cm。

3. 果实性状

果实卵形，纵经5.56cm，横径3.20cm，侧径2.61cm，果柄长1.09cm，平均单果重20.76g，最大果重24.01g。整齐均匀，果皮绿褐色有斑点，被有容易脱落的短茸毛。果肩圆形，花萼环明显，果喙圆形。

4. 生物学习性

生长势强，全树成熟期一致。在江西五府山地区，萌芽期3月中旬，展叶期3月下旬，4月中下旬现蕾，始花期在5月上旬，盛花期持续4～5天，新梢迅速生长期4月上中旬开始，果实成熟期11月上中旬，12月中下旬落叶。

品种评价

生长势强，较丰产，果面白毛，果肉墨绿色，易剥皮，髓射线明显，质细多汁，稍有香味，风味甜酸。晚熟品种，耐贮藏。

生境

植株

结果状

果实

果实

下禹溪 2 号

Actinidia eriantha Benth 'Xiayuxi 2'

调查编号： YINYLXXB218

所属树种： 毛花猕猴桃 *Actinidia eriantha* Benth

提 供 人： 何金文
电　　话： 13767371873
住　　址： 江西省上饶市上饶县五府山镇

调 查 人： 徐小彪、廖光联、李西时
电　　话： 13767008891
单　　位： 江西农业大学

调查地点： 江西省上饶市上饶县五府山镇下禹溪村

地理数据： GPS数据（海拔：1012m，经度：E118°02'50.61"，纬度：N28°08'33.71"）

样本类型： 果实、种子、枝条、叶片

生境信息

来源于当地，生长在高海拔地区路边的坡地，该土地为原始林，土壤质地为砂壤土。树龄16年，现存1株。

植物学信息

1. 植株情况

植株树势强，成枝率高。

2. 植物学特征

1年生枝灰褐色，表面密集灰白色茸毛，老枝和结果母枝棕褐色，皮孔点状或短梭形，密度中等偏多，淡黄褐色。成熟叶卵圆形至阔卵圆形，正面深绿色，无毛，背面浅绿色，被短茸毛，密度中等，叶脉明显，叶柄上被浅黄色短茸毛。聚伞花序，每花序3～5朵花，花瓣淡红色，6～7片，多为6片。叶片斜生，两轮出叶，先端锐尖，基部浅心形，叶柄长2～3cm。

3. 果实性状

果实卵形，纵经4.45cm，横径2.31cm，侧径2.03cm，果柄长1.35cm，平均单果重16.67g，整齐均匀，果皮绿褐色，被有密集短茸毛，脱落程度中等。果肩圆形，花萼环明显，果喙圆形。

4. 生物学习性

生长势强，全树成熟期一致。在江西五府山地区，萌芽期3月初，展叶期3月中旬，4月上中旬现蕾，始花期在4月下旬至5月上旬，盛花期持续5～6天，新梢迅速生长期4月上旬开始，果实成熟期11月上中旬，12月中下旬落叶。

品种评价

生长势强，果肉墨绿色，髓射线明显，质细多汁，稍有香味，风味偏酸涩。易剥皮，晚熟品种，耐贮藏，适应性强。

生境

植株

果实

结果状

果实

下禹溪 3 号

Actinidia eriantha Benth 'Xiayuxi 3'

调查编号：YINYLXXB219

所属树种：毛花猕猴桃 *Actinidia eriantha* Benth

提供人：何金文
电　话：13767371873
住　址：江西省上饶市上饶县五府山镇

调查人：徐小彪、廖光联、李西时
电　话：13767008891
单　位：江西农业大学

调查地点：江西省上饶市上饶县五府山镇下禹溪村

地理数据：GPS数据（海拔：1012m，经度：E118°02′50.61″，纬度：N28°08′33.71″）

样本类型：果实、种子、枝条、叶片

生境信息

来源于当地高海拔地区，依附于旁边植物上，土壤质地为砂壤土，土表层有一层枯枝烂叶腐殖土。树龄15年，现存1株。

植物学信息

1. 植株情况

植株树势较强，成枝率中等。

2. 植物学特征

1年生枝灰褐色，表面密集灰白色茸毛，结果母枝棕褐色带红色，皮孔为短梭形或点状，淡黄褐色；老枝棕褐色。成熟叶卵圆形至阔卵圆形，正面深绿色，无毛，背面浅绿色，被短茸毛，密度中等，叶脉明显，被少量短茸毛，叶柄上被浅黄色短茸毛。花芽为混合芽，花序为聚伞花序，每花序3~5朵花，花瓣淡红色，6~8片。叶片斜生，两轮出叶，先端突尖，基部心形，叶柄长2~4cm。

3. 果实性状

果实圆柱形，纵经4.36cm，横径2.40cm，侧径2.13cm，果柄长1.32cm，平均单果重23.52g。整齐均匀，果皮绿褐色，被有密集不易脱落的短茸毛。果肩圆形，花萼环明显，果喙圆形。

4. 生物学习性

生长势强，全树成熟期一致。在江西五府山地区，萌芽期3月中旬，展叶期3月下旬，4月中下旬现蕾，始花期在5月上旬，盛花期持续7~9天，新梢迅速生长期4月上中旬开始，果实成熟期11月上中旬，12月中下旬落叶。

品种评价

花瓣淡红色，果面白毛，果肉墨绿色，髓射线明显，质细多汁，稍有香味，风味甜酸。易剥皮，晚熟品种，耐贮藏，抗逆性较强。

生境

植株

果实

结果状

果实

赖地毛冬瓜

Actinidia eriantha Benth
'Laidimaodonggua'

调查编号：YINYLXXB220

所属树种：毛花猕猴桃 *Actinidia eriantha* Benth

提 供 人：潘治群
电　　话：13766338269
住　　址：江西省赣州市寻乌县剑溪乡赖地村

调 查 人：徐小彪、廖光联、姜志强
电　　话：13767008891
单　　位：江西农业大学

调查地点：江西省赣州市寻乌县剑溪乡赖地村

地理数据：GPS数据（海拔：734m，经度：E115°52′23.11″，纬度：N25°01′57.20″）

样本类型：果实、种子、枝条、叶片

生境信息

来源于当地，生长于路边为15°的坡地，土壤质地为砂质红壤土。树龄13年，现存1株。

植物学信息

1. 植株情况

植株树势强，成枝率高。

2. 植物学特征

1年生枝灰褐色，表面被有灰白色茸毛，结果母枝褐色，被有密度中等的短茸毛，皮孔短梭形，淡黄褐色；老枝棕褐色。成熟叶卵圆形，正面深绿色，无毛，背面浅绿色，被短茸毛，密度中等，叶脉明显，叶柄上被短茸毛。花芽为混合芽，花序为聚伞花序，每花序3~5朵花，花瓣淡红色，花瓣6~8片。叶片斜生，两轮出叶，先端渐尖，基部浅心形，叶柄长1~3cm。

3. 果实性状

果实圆柱形，纵经3.86cm，横径1.98cm，侧径1.84cm，果柄长0.89cm，平均单果重13.06g，最大果重15.21g。整齐均匀，果皮绿褐色有斑点，被有密度中等的短茸毛。果肩圆形，花萼环明显，果喙微钝凸。

4. 生物学习性

生长势强，结果多。在江西寻乌地区，萌芽期3月中旬，展叶期3月下旬，4月中下旬现蕾，始花期在5月上旬，盛花期持续5~6天，新梢迅速生长期4月上中旬开始，果实成熟期11月上中旬，12月中下旬落叶。

品种评价

生长势强，果形较美观，果肉绿色，髓射线明显，质细多汁，稍有香味，风味甜酸。易剥皮，晚熟品种，耐贮藏。

生境

植株

結果狀

果实

赖地藤梨

Actinidia eriantha Benth 'Laiditengli'

調查编号： YINYLXXB221

所属树种： 毛花猕猴桃 *Actinidia eriantha* Benth

提 供 人： 潘治群
电　　话： 13766338269
住　　址： 江西省赣州市寻乌县剑溪乡赖地村

调 查 人： 徐小彪、廖光联、李西时
电　　话： 13767008891
单　　位： 江西农业大学

调查地点： 江西省赣州市寻乌县剑溪乡赖地村

地理数据： GPS数据（海拔：741m，经度：E115°52′22.94″，纬度：N25°01′56.26″）

样本类型： 果实、种子、枝条、叶片

生境信息

来源于当地，生长于竹林旁，土壤质地为砂质红壤土，土表层有一层枯枝烂叶腐殖土。树龄14年，现存1株。

植物学信息

1. 植株情况

植株树势强，成枝率高。

2. 植物学特征

1年生枝灰褐色，表面密集灰白色茸毛，老枝和结果母枝褐色，皮孔短梭形，淡黄褐色。叶片斜生，两轮出叶，先端突尖，基部浅心形，叶长11.46cm，宽8.12cm，叶柄长2.67cm。幼叶浅绿色，表面密集灰白色茸毛；成熟叶椭圆形，正面深绿色，无毛，背面浅绿色，被短茸毛，密度中等，叶脉明显，叶柄上被短茸毛。聚伞花序，每花序4~7朵花，花瓣粉红色，5~7片，花丝粉红色，花药黄色，背着式着生。

3. 果实性状

果实卵圆形，纵经3.41cm，横径2.12cm，侧径1.98cm，果柄长0.78cm，平均单果重9.36g，最大果重12.25g。整齐均匀，果皮绿褐色有斑点，被有密集的短茸毛。果肩圆形，花萼环明显，果喙圆形。

4. 生物学习性

生长势强。在江西寻乌地区，萌芽期3月中旬，展叶期3月下旬，4月下旬现蕾，始花期在5月上中旬，盛花期持续7~9天，新梢迅速生长期4月中旬开始，果实成熟期11月上中旬，12月中下旬落叶。

品种评价

生长势强，较丰产。果肉绿色，髓射线明显，质细多汁，稍有香味，风味甜酸。易剥皮，晚熟品种，耐贮藏。

生境

叶片

果实

果实剖面

果实

赖地水杨桃

Actinidia macrosperma C. F. Liang
'Laidishuiyangtao'

调查编号：YINYLXXB222

所属树种：大籽猕猴桃 *Actinidia macrosperma* C.F.Liang

提 供 人：潘治群
电　　话：13766338269
住　　址：江西省赣州市寻乌县剑溪乡赖地村

调 查 人：徐小彪、廖光联、姜志强
电　　话：13767008891
单　　位：江西农业大学

调查地点：江西省赣州市寻乌县剑溪乡赖地村

地理数据：GPS数据（海拔：741m，经度：E115°52'22.94"，纬度：N25°01'56.26"）

样本类型：果实、种子、枝条、叶片

生境信息

来源于当地20°的丘陵山地区，自由攀附在旁边植物上，土壤质地为砂质红壤土。树龄18年，现存1株。

植物学信息

1. 植株情况

植株树势强，成枝率高。

2. 植物学特征

1年生枝灰褐色，表面光滑；结果母枝褐色，皮孔多短梭形，密度中等偏少；老枝棕褐色，皮孔短梭形，淡黄褐色。叶片斜生，两轮出叶，先端锐尖，基部浅心形，叶柄长2～4cm。成熟叶卵圆形至阔卵圆形，正面绿色偏黄色，背面浅绿色，叶脉明显。花芽为混合芽，花序为聚伞花序，每花序3～5朵花，6～8片。

3. 果实性状

果实卵形，纵经4.16cm，横径3.02cm，侧径2.61cm，果柄长1.01cm，平均单果重13.37g，最大果重15.24g。整齐均匀，果皮橙黄色，果皮表面光滑。果肩圆形，花萼环明显，果喙微钝凸。

4. 生物学习性

生长势强，耐湿。在江西寻乌地区，萌芽期3月中旬，展叶期3月下旬，4月中下旬现蕾，始花期在5月上旬，盛花期持续4～5天，新梢迅速生长期4月上中旬开始，果实成熟期10月上中旬，11月下旬落叶。

品种评价

耐湿性强，果面光洁无茸毛，果肉橙黄色，髓射线明显，味辛辣，可用作砧木和杂交育种的亲本材料。

生境

植株

结果状

果实

奶果猕猴桃

Actinidia arguta Planch 'Naiguomihoutao'

调查编号：FANGJGLCG102

所属树种：软枣猕猴桃 *Actinidia arguta* Planch

提 供 人：石合标
电　　话：13385144781
住　　址：贵州省黔东南苗族侗族自治州黎平县肇兴镇平团村

调 查 人：罗昌国
电　　话：13385145205
单　　位：贵州省果树科学研究所

调查地点：贵州省黔东南苗族侗族自治州黎平县肇兴镇平团村蹬坝

地理数据：GPS数据（海拔：903m，经度：E109°03'37.76"，纬度：N25°59'43.09"）

样本类型：果实、种子、枝条、叶片

生境信息

生境为针阔混交林，生长于旷野，伴生树种中代表生长环境的建群种、优势种、标志种是杉木。该地形为坡地，坡度40°，坡向为南，土地为人工林，土壤质地为壤土。

植物学信息

1. 植株情况

植株树势强，成枝率中等。

2. 植物学特征

实生，自由攀附；藤本，嫩梢茸毛密，梢尖茸毛着色深，成熟枝条暗褐色；幼叶黄绿色，茸毛极疏，叶下表面叶脉间匍匐茸毛密。成熟叶片椭圆形、长卵形、卵状长圆形至披针形，长5~11cm，宽2~5cm，顶端渐尖至短尖，基部钝形至浅心形，边缘具硬尖小锯齿，腹面深绿色，洁净无毛或被稀疏糙伏毛，或中脉上被极少量的糙毛，背面绿色，中脉上有长硬毛或糙伏毛或短茸毛，或基本无毛，叶脉不甚发达，侧脉6~9对；叶柄长1~2.5cm，薄被茸毛、糙毛或长硬毛。隔年枝直径3~5mm，近秃净或可见糙毛残迹，皮孔极不显著，髓淡褐色，片层状。花序1~3花，花序柄很短，被茸毛；花柄长5~8mm，密被茸毛；苞片钻形，长2mm；花粉红色，碗状半张开；萼片5片，卵形至长圆形，长3.5~5mm，靠内边的比靠外边的长，两面基本无毛或个别背面的顶部有若干长茸毛；花瓣5片，倒卵形，长约7mm；花丝与花药近等长或长过花药，花药黄色；子房圆柱形，长2.5~3.5mm，密被茸毛，花柱比子房稍短。

3. 果实性状

果实长椭圆形，纵径3.0cm，横径1.0cm，平均粒重10.0g，果皮黄绿色，果肉汁液多。

4. 生物学习性

开始结果年龄2年生，成熟期全树一致，果实成熟期9~10月。

品种评价

耐贫瘠，利用部位果实（种子），可食用。

生境

果实

白毛猕猴桃

Actinidia eriantha Benth
'Baimaomihoutao'

调查编号：FANGJGLCG103

所属树种：毛花猕猴桃 *Actinidia eriantha* Benth

提 供 人：石含标
电　　话：13385144781
住　　址：贵州省黔东南苗族侗族自治州黎平县肇兴镇平团村

调 查 人：罗昌国
电　　话：13385145205
单　　位：贵州省果树科学研究所

调查地点：贵州省黔东南苗族侗族自治州黎平县肇兴镇平团村蹬坝

地理数据：GPS数据（海拔：903m，经度：E109°03'37.76"，纬度：N25°59'43.09"）

样本类型：果实、种子、枝条、叶片

生境信息

来自当地，生境为针阔混交林，生长于旷野，伴生树种中代表生长环境的建群种、优势种、标志种是杉木。该地形为坡地，坡度40°，坡向为南，土地为人工林，土壤质地为壤土。

植物学信息

1. 植株情况

植株树势中庸，成枝率中等。

2. 植物学特征

藤本，自由攀附；嫩梢茸毛极密，梢尖茸毛着色极浅，成熟枝条暗褐色；叶茸毛极密，叶下表面叶脉间匍匐茸毛极密，成龄叶肾形。茎枝髓大，白色，片状。叶缘有刺毛状齿。5~6月开花挂果，花粉红色。可庭园花架种植，是十分理想的观赏植物。

3. 果实性状

果卵圆形或矩圆形，果实纵径3.5cm，横径2.5cm，被厚实的白色茸毛，如不搭架果实见不到太阳它会是棕色长毛。果实大，单果重16.2~29.4g，最大39.0g，可溶性固形物含量14.7%，酸含量1.41%。果实营养价值高，特别是维生素C含量每100g鲜果肉中含1135.1mg，果实11月份成熟。第四年株产高达16kg，可食期长，贮藏性好，常温下贮放1个月，冷藏可达3个月以上。

4. 生物学习性

开始结果年龄2年生，成熟期成熟不一致，果实成熟期11月。

品种评价

耐贫瘠，利用部位果实（种子），可食用，繁殖方法嫁接。果皮极易剥，剥后整个果肉呈一种从未见过的深绿，果实甜为主微酸可口，吃过后能回味很久，是药食两用珍品，其中钾元素的含量接近香蕉，是一种营养高度集中的天然产物。口感比中华猕猴桃更加美味诱人。庭园花架种植，是十分理想的观赏植物。

生境

果实

果实

稀毛猕猴桃

Actinidia chinensis Planch
'Ximaomihoutao'

调查编号：FANGJGLCG104

所属树种：中华猕猴桃 *Actinidia chinensis* Planch

提 供 人：石含标
电　　话：13385144781
住　　址：贵州省黔东南苗族侗族自治州黎平县肇兴镇平团村

调 查 人：罗昌国
电　　话：13385145205
单　　位：贵州省果树科学研究所

调查地点：贵州省黔东南苗族侗族自治州黎平县肇兴镇平团村蹬坝

地理数据：GPS数据（海拔：923m，经度：E109°03'37.76"，纬度：N25°59'43.09"）

样本类型：果实、种子、枝条、叶片

生境信息

生境为针阔混交林，生长于旷野，伴生树种中代表生长环境的建群种、优势种、标志种是杉木。该地形为坡地，坡度40°，坡向为南，土地为人工林，土壤质地为黏土。

植物学信息

1. 植株情况

植株树势较强，成枝率中等。

2. 植物学特征

自由攀附；嫩梢茸毛极密，梢尖茸毛着色深，成熟枝条红褐色；茸毛极疏，叶下表面叶脉间匍匐茸毛极密，成龄叶近圆形，裂片数全缘。大型落叶藤本；着花小枝长30cm或更长，直径约5mm，幼嫩时稀疏地被有一些微弱的短硬毛，渐老渐趋秃净，皮孔一般可见；髓白色，片层状；隔年枝直径6.5mm以上，仍可见到一些皮屑状的毛被残迹，皮孔较显著。叶纸质，阔卵形至倒阔卵形，长8~12cm，宽4~8.5cm，顶端钝突尖至短尖，基部两侧高低不等，略浅心形，边缘有芒尖状硬头小齿，腹面绿色，无毛或主要在中脉上有少量屑末状短毛，背面带粉绿色，薄被白色分枝或不分枝茸毛，叶脉上的毛较粗糙，并呈黄褐色，叶脉比较显著，但不充实，在叶背多瘰扁状，侧脉约7对，横脉可见，网状小脉较弱；叶柄水红色，长3~5cm，薄被粗糙茸毛或极微弱短硬毛。花序2~3花，花序柄长3~5mm，花柄长8~12mm；苞片钻形，长3~4mm，均薄被黄褐色短茸毛；花白色，径约1.8cm；萼片5片，矩卵形，长5~7mm两面均密被黄褐色短茸毛；花瓣5~6片，瓢状倒卵形，长10~12mm；花丝长4~6mm，花药黄色，长方箭头状，长2.2mm；退化子房球形，被黄褐色茸毛。花期6月上旬。

3. 果实性状

果实椭圆形，纵径3.5cm，横径2.5cm，平均粒重30.0g，果肉颜色中等，果肉汁液多。

4. 生物学习性

开始结果年龄2年生，成熟期成熟不一致，果实成熟期9~10月。

品种评价

耐贫瘠，利用部位果实，可食用，繁殖方法嫁接。

生境

果实

穗状猕猴桃

Actinidia latifolia Merr
'Suizhuangmihoutao'

调查编号： FANGJGLCG105

所属树种： 阔叶猕猴桃 *Actinidia latifolia* Merr.

提 供 人： 李天佑
电　　话： 13385148908
住　　址： 贵州省黔东南苗族侗族自治州雷山县林业局

调 查 人： 罗昌国
电　　话： 13385145205
单　　位： 贵州省果树科学研究所

调查地点： 贵州省黔东南苗族侗族自治州雷山县雷公山

地理数据： GPS数据（海拔1268m，经度：E108°09'33"，纬度：N26°22'08"）

样本类型： 果实、种子、枝条、叶片

生境信息

生境为针阔叶林，生长于旷野，伴生树种中代表生长环境的建群种、优势种、标志种是杉木、枫香。该地形为坡地，坡度40°，坡向为南，土地为原始林，土壤质地为黏土。

植物学信息

1. 植株情况

植株树势较强，成枝率中等。

2. 植物学特征

大型落叶藤本，着花小枝绿色至蓝绿色，一般长15～20cm，径约2.5mm，基本无毛，至多幼嫩时薄被微茸毛，或密被黄褐色茸毛，皮孔显著或不显著，隔年枝径约8mm；髓白色，片层状或中空或实心。叶坚纸质，通常阔卵形，有时近圆形或长卵形，长8～13cm，宽5～8.5cm，最大可达15cm×12cm，顶端短尖至渐尖，基部浑圆或浅心形、截平形和阔楔形，等侧或稍不等侧，边缘具疏生的突尖状硬头小齿，腹面草绿色或榄绿色，无毛，有光泽，背面密被灰色至黄褐色短度的紧密的星状茸毛，或较长的疏松的星状茸毛，侧脉6～7对，横脉显著可见，网状小脉不易见；叶柄长3～7cm，无毛或略被微茸毛。花序为3～4歧多花的大型聚伞花序，花序柄长2.5～8.5cm，花柄0.5～1.5cm，花有香气，直径14～16mm；萼片5片，淡绿色，瓢状卵形，长4～5mm，宽3～4mm，花开放时反折，两面均被污黄色短茸毛，内面较薄；花瓣5～8片，前半部及边缘部分白色，下半部的中央部分橙黄色，长圆形或倒卵状长圆形，长6～8mm，宽3～4mm，开放时反折；花丝纤弱，长2～4mm，花药卵形箭头状，长1mm；子房圆球形，长约2mm，密被污黄色茸毛，花柱长2～3mm，不育子房卵形，长约1mm，被茸毛。

3. 果实性状

果暗绿色，圆柱形或卵状圆柱形，长3～3.5cm，直径2～2.5cm，具斑点，无毛或仅在两端有少量残存茸毛；种子纵径2～2.5mm。果穗穗长20cm，宽13cm，平均穗重10g，果穗分枝形。

4. 生物学习性

果实成熟期9～10月。

品种评价

耐贫瘠，利用部位果实，可食用，繁殖方法为嫁接。

生境

果实

圆果猕猴桃

Actinidia globasa C. F. Liang
'Yuanguomihoutao'

调查编号：FANGJGLCG106

所属树种：两广猕猴桃 *Actinidia globasa* C. F. Liang

提 供 人：李天佑
电　　话：13385148908
住　　址：贵州省黔东南苗族侗族自治州雷山县林业局

调 查 人：罗昌国
电　　话：13385145205
单　　位：贵州省果树科学研究所

调查地点：贵州省黔东南苗族侗族自治州雷山县雷公山

地理数据：GPS数据（海拔：1435m，经度：E108°09'13"，纬度：N26°22'01"）

样本类型：果实、种子、枝条、叶片

生境信息

来源当地，生境为针阔叶林，生长于旷野，伴生树种中代表生长环境的建群种、优势种、标志种是杉木、枫香；该地形为坡地，坡度40°，坡向为东，土地为原始林，土壤质地为黏土。

植物学信息

1. 植株情况
植株树势中等，成枝率中等。

2. 植物学特征
自由攀附；嫩梢茸毛极密，梢尖茸毛着色深，成熟枝条暗褐色；茸毛极密，叶下表面叶脉间匍匐茸毛极密，成龄叶近圆形，裂片数全缘。大型落叶藤本；小枝洁净无毛，幼嫩时带粉绿色，皮孔不可见，成熟时非粉绿色，有狭长的皮孔，但极不显著，小枝直径2.5mm左右，髓淡褐色，片层状。叶幼嫩时膜质，成熟时坚纸质，卵形或阔卵形，长10cm，宽6cm，顶端急尖或短渐尖，基部圆形，截形至微心形，两端常向后仰，两面稍不对称，边缘锯齿锐利显著，腹面绿色，完全无毛，背面粉绿色，侧脉腋上有淡褐色髯毛，余处无毛，中脉和侧脉在叶面裸露，稍隆起，在叶背显著隆起，侧脉约7对；叶柄长3.5cm。聚伞花序，有花1～7朵，于分枝处薄被小茸毛，花序柄和花柄均长约1cm；苞片膜质，披针形，长2mm；花小，绿白色，径约1cm；萼片5片，卵形，两面无毛；花瓣5片，瓢状倒卵形，长5～7mm；花药长约2.5mm；子房洁净无毛。

3. 果实性状
果实圆球形，径约2cm，无毛无斑点，顶端有颗粒状的喙，成熟时无宿存萼片，果柄长16～20mm。种子长短不一，长2.5～3.5mm。果实纵径3.0cm，横径3.5cm，平均粒重25.2g，果肉汁液多。

4. 生物学习性
花期5月上中旬。果实成熟期9～10月。

品种评价

耐贫瘠，利用部位果实，可食用，繁殖方法为嫁接。

生境

果实

一串珠猕猴桃

Actinidia eriantha Benth
'Yichuanzhumihoutao'

调查编号：FANGJGLCG107

所属树种：毛花猕猴桃 *Actinidia eriantha* Benth

提 供 人：李天佑
电　　话：13385148908
住　　址：贵州省黔东南苗族侗族自治州雷山县林业局

调 查 人：罗昌国
电　　话：13385145205
单　　位：贵州省果树科学研究所

调查地点：贵州省黔东南苗族侗族自治州雷山县雷公山

地理数据：GPS数据（海拔：1303m，经度：E108°09'37"，纬度：N26°22'42"）

样本类型：果实、种子、枝条、叶片

生境信息

来源当地，生境为针阔叶林，生长于旷野，伴生树种中代表生长环境的建群种、优势种、标志种是杉木、枫香。该地形为坡地，坡度50°，坡向为西南，土地为原始林，土壤质地为黏土。

植物学信息

1. 植株情况

植株树势强，成枝率较高。

2. 植物学特征

实生，自由攀附；嫩梢茸毛极密，梢尖茸毛着色深，成熟枝条暗褐色；茸毛极密，叶下表面叶脉间匍匐茸毛极密，成龄叶肾形，裂片数全缘。大型落叶藤本；小枝洁净无毛，幼嫩时带粉绿色，皮孔不可见，成熟时非粉绿色，有狭长的皮孔，但极不显著，小枝直径2.8mm左右，髓淡褐色，片层状。叶幼嫩时膜质，成熟时坚纸质，卵形或阔卵形，长9.8cm，宽5.6cm，顶端急尖或短渐尖，边缘锯齿锐利显著，腹面绿色，完全无毛，背面粉绿色，侧脉腋上有淡褐色髯毛，余处无毛，中脉和侧脉在叶面裸露，稍隆起，在叶背显著隆起，侧脉约7对；叶柄长3.0cm。聚伞花序，有花1~7朵，于分枝处薄被小茸毛，花序柄和花柄均长约1cm；苞片膜质，披针形，长2mm；花小，绿白色，径约1cm；萼片5片，卵形，两面无毛；花瓣5片，瓢状倒卵形，长6.2mm；花药长约2.5mm，子房洁净无毛。

3. 果实性状

果实椭圆形，纵径2.0cm，横径1.5cm，平均粒重10.0g，果肉汁液多。

4. 生物学习性

果实成熟期9~10月。

品种评价

耐贫瘠，利用部位果实、种子，可食用。

生境

果实

果实

心果猕猴桃

Actinidia chinensis var. *deliciosa* A.Chev.
'Xinguomihoutao'

调查编号：FANGJGLCG108

所属树种：美味猕猴桃 *Aetinidia chinensis* var. *deliciosa* A.Chev.

提 供 人：李天佑
电　　话：13385148908
住　　址：贵州省黔东南苗族侗族自治州雷山县林业局

调 查 人：罗昌国
电　　话：13385145205
单　　位：贵州省果树科学研究所

调查地点：贵州省黔东南苗族侗族自治州雷山县雷公山

地理数据：GPS数据（海拔：1268m，经度：E108°04'23.60"，纬度：N26°22'53.71"）

样本类型：果实、种子、枝条、叶片

生境信息

来源当地，生境为针阔叶林，生长于旷野，伴生树种中代表生长环境的建群种、优势种、标志种是杉木、枫香。该地形为坡地，坡度45°，坡向为西，土地为原始林，土壤质地为黏土。

植物学信息

1. 植株情况
植株树势强，成枝率较高。

2. 植物学特征
实生，自由攀附；嫩梢茸毛极密，梢尖茸毛着色深，成熟枝条暗褐色；茸毛密，成熟叶正面深绿色，背面浅绿色，叶下表面叶脉间匍匐茸毛极密，成熟叶肾形，裂片数全缘。

3. 果实性状
果实圆锥形，果形整齐一致，果实平均纵径5.8cm，横径5.1cm，侧径4.8cm，单果重50～70g，最大果重87g，果皮黄绿色，被黄褐色茸毛，梗洼平齐，果顶微凸，果皮薄，易剥离；果肉绿色，汁液多，肉质细致，具果香味，酸甜适口，含可溶性固形物15.3%～19.8%，维生素C含量99.4～123.0mg/100g，含酸量1.34%，可溶性糖含量8.5%，糖酸比6.3。果实后熟期15～20天，货架期15～25天，室内常温下可存放30天左右，在0～2℃冷库中可存放2个月以上。

4. 生物学习性
树体生长势强，枝条粗壮充实，节间中长，萌芽率65.6%，成枝率59.5%。5年生树的徒长性结果枝（长度31cm以上）占15%，长果枝（长度16～30cm）占20%，中果枝（长度6～15cm）占15%，短果枝（5cm以下）占50%。以徒长性果枝着生的果实大，品质好，短果枝着生的果实小。果实成熟期9～10月。

品种评价

耐贫瘠，利用部位果实，可食用。

生境

果实

甘田猕猴桃

Actinidia arguta Planch 'Gantianmihoutao'

调查编号：FANGJGLXL073

所属树种：软枣猕猴桃 *Actinidia arguta* Planch

提 供 人：陈允资
电　　话：13737623626
住　　址：广西壮族自治区百色市乐业县甘田镇场坝6组

调 查 人：李贤良
电　　话：13978358920
单　　位：广西特色作物研究院

调查地点：广西壮族自治区百色市乐业县甘田镇垮龙坡

地理数据：GPS数据（海拔：1142m，经度：E106°29′34.42″，纬度：N24°36′46.88″）

样本类型：果实、种子、枝条、叶片

生境信息

来源于当地，生于坡地，该土地为原始林。

植物学信息

1. 植株情况

植株树势较强，成枝率中等。

2. 植物学特征

藤本，嫩梢茸毛密，梢尖茸毛着色深，成熟枝条暗褐色；幼叶黄绿色，茸毛极疏，叶下表面叶脉间匍匐茸毛密，成龄叶狭长形，长5~13cm，宽2~4cm。隔年枝直径3~5mm，近秃净或可见糙毛残迹，顶端渐尖至短尖，基部钝形至浅心形，边缘具硬尖小锯齿，腹面绿色，洁净无毛或被稀疏糙伏毛，或中脉上被极少量的糙毛，背面稍带粉绿色或苍绿色，中脉上有长硬毛或糙伏毛或短茸毛，或基本无毛，叶脉不甚发达；叶柄长1~3.0cm，薄被茸毛、糙毛或长硬毛。花序1~3花，花序柄很短，被茸毛；花柄长约6~9mm，密被茸毛；苞片钻形，长2mm；花粉红色，碗状半张开；萼片5片，卵形至长圆形，长3.2~4.5mm，靠内边的比靠外边的长，两面基本无毛或个别背面的顶部有若干长茸毛；花瓣5片，倒卵形，长约7mm；花丝与花药近等长或长过花药，花药黄色；子房圆柱形，长约4.0mm，密被茸毛，花柱比子房稍短。

3. 果实性状

果实圆柱形，果形整齐一致，果实平均纵径5.4cm，横径3.1cm，侧径2.8cm，单果重30~55g，最大果重65g，果皮紫绿色，被黄褐色茸毛，梗洼平齐，果顶微凸，果皮薄，易剥离；果肉绿色，汁液多，肉质细致，具果香味，酸甜适口，含可溶性固形物含量15.1%~19.3%，维生素C含量97.4~103.0mg/100g，含酸量1.14%，含糖量13.1%，可溶性糖含量8.8%，糖酸比6.1。果实后熟期15~20天，货架期15~25天，室内常温下可存放30天左右，在0~2℃冷库中可存放2个月以上。

4. 生物学习性

萌芽率83.3%，连续结果能力强，徒长枝及多年生枝均可成为结果母枝，坐果率高达95%，落花落果少，果实成熟期为10月中下旬，果实生育期165天。丰产性好，异位高接子一代第二年平均株产6.4kg，第四年平均株产23.1kg。

品种评价

耐热性强，抗湿性好，田间未发现溃疡病危害。

生境

幼果

雄花

植株

果实

甘田1号

Actinidia arguta Planch 'Gantian 1'

◎ 调查编号： FANGJGLXL074

◎ 所属树种： 软枣猕猴桃 *Actinidia arguta* Planch

◎ 提 供 人： 陈允资
电　　话： 13737623626
住　　址： 广西壮族自治区百色市乐业县甘田镇场坝6组

◎ 调 查 人： 李贤良
电　　话： 13978358920
单　　位： 广西特色作物研究院

◎ 调查地点： 广西壮族自治区百色市乐业县甘田镇垮龙坡

◎ 地理数据： GPS数据（海拔：1171m，经度：E106°29'37.58"，纬度：N24°36'43.80"）

◎ 样本类型： 果实、种子、枝条、叶片

生境信息

来源于当地，生于坡地，该土地为原始林。

植物学信息

1. 植株情况

植株树势较强，成枝率中等。

2. 植物学特征

藤本，嫩梢茸毛密，梢尖茸毛着色深，成熟枝条暗褐色；幼叶黄绿色，叶卵圆形，长8.5cm，宽4.2cm，顶端渐尖至短尖，基部钝形至浅心形，边缘具硬尖小锯齿，腹面深绿色，被稀疏糙伏毛，背面稍带苍绿色，中脉上有长硬毛或糙伏毛或短茸毛，侧脉6～7对；叶柄长1.8cm，薄被茸毛。花序1～3花，花序柄很短，被茸毛；花柄长约7.2mm，密被茸毛；苞片钻形，长2mm；花粉红色，碗状半张开；萼片5片，卵形至长圆形，长4.3mm，靠内边的比靠外边的长，两面基本无毛或个别背面的顶部有若干长茸毛；花瓣5片，倒卵形，长约7mm；花丝与花药近等长或长过花药，花药黄色；子房圆柱形，长3.7mm，密被茸毛，花柱比子房稍短。

3. 果实性状

果实圆柱形，果形整齐一致，果实平均纵径6.4cm，横径3.3cm，侧径2.8cm，单果重33～60g，最大果重75g，果皮黄绿色，被褐色茸毛，果顶微凸，果皮薄，易剥离；果肉绿色，肉质细致，具果香味，酸甜适口，含可溶性固形物含量13.5%～18.9%，维生素C含量85.3～105.2mg/100g，含酸量1.04%，含糖量12.3%，可溶性糖含量8.5%。果实后熟期15～20天，货架期15～25天，室内常温下可存放30天左右，在0～2℃冷库中可存放2个月以上。

4. 生物学习性

萌芽率为81.4%，连续结果能力强，徒长枝及多年生枝均可成为结果母枝，坐果率高达95%，落花落果少，果实成熟期为10月中下旬，果实生育期160天。丰产性好，异位高接子一代第二年平均株产4.4kg，第四年平均株产16.4kg。

品种评价

耐热性强，抗湿性好，田间未发现溃疡病危害。

植株

植株　　　　　　　　　　　　　　　　植株

mhtz
2013.11.2

花　　　　　　　　　　　　　　　　叶片

甘田2号

Actinidia arguta Planch 'Gantian 2'

调查编号：FANGJGLXL075

所属树种：软枣猕猴桃 *Actinidia arguta* planch

提 供 人：陈允资
电　　话：13737623626
住　　址：广西壮族自治区百色市乐业县甘田镇场坝6组

调 查 人：李贤良
电　　话：13978358920
单　　位：广西特色作物研究院

调查地点：广西壮族自治区百色市乐业县甘田镇垮龙坡

地理数据：GPS数据（海拔：1212m，经度：E106°29′37.89″，纬度：N24°36′43.63″）

样本类型：果实、种子、枝条、叶片

生境信息

来源于当地，生于坡地，该土地为原始林。

植物学信息

1. 植株情况

植株树势较强，成枝率中等。

2. 植物学特征

藤本，嫩梢茸毛密，梢尖茸毛着色深，成熟枝条为暗褐色；幼叶黄绿色，叶椭圆形、长卵形、卵状长圆形至披针形，长约8cm，宽约4cm，顶端渐尖至短尖，基部钝形至浅心形，边缘具硬尖小锯齿，腹面绿色，侧脉7~8对；叶柄长1~2.5cm，薄被茸毛、糙毛或长硬毛。花序1~3花，花序柄被茸毛；花柄长5~8mm，密被茸毛；苞片钻形，长2mm；花粉红色，碗状半张开；萼片5片，卵形至长圆形，长约4mm，两面基本无毛或个别背面的顶部有若干长茸毛；花瓣5片，倒卵形，长约7mm；花丝与花药近等长或长过花药，花药黄色；子房圆柱形，长2.5~3.5mm，密被茸毛，花柱比子房稍短。

3. 果实性状

果实圆柱形，果形整齐一致，果实平均纵径6.3cm，横径3.5cm，侧径2.6cm，单果重37~62g，最大果重78g，果皮黄绿色，被黄褐色茸毛，梗洼平齐，果顶微凸，果皮薄，易剥离；果肉绿色，汁液多，肉质细致，具果香味，酸甜适口，室内常温下可存放30天左右，在0~2℃冷库中可存放2个月以上。

4. 生物学习性

萌芽率为80.3%，连续结果能力强，徒长枝及多年生枝均可成为结果母枝，坐果率高达95%，落花落果少，果实成熟期为10月中下旬，果实生育期165天。丰产性好，异位高接子一代第二年平均株产4.8kg，第四年平均株产17.2kg。

品种评价

耐热性强，抗湿性好，田间未发现溃疡病危害。

生境

枝条

植株

叶片

甘田3号

Actinidia arguta Planch 'Gantian 3'

调查编号：FANGJGLXL076

所属树种：软枣猕猴桃 *Actinidia arguta* Planch

提 供 人：陈允资
电　　话：13737623626
住　　址：广西壮族自治区百色市乐业县甘田镇场坝6组

调 查 人：李贤良
电　　话：13978358920
单　　位：广西特色作物研究院

调查地点：广西壮族自治区百色市乐业县甘田镇谢家沟

地理数据：GPS数据（海拔：1244m，经度：E106°29'41.54"，纬度：N24°3648.12"）

样本类型：果实、种子、枝条、叶片

生境信息

来源于当地，生于坡地，该土地为原始林。

植物学信息

1. 植株情况

植株生长树势较弱，成枝率中等。

2. 植物学特征

中型落叶藤本；着花小枝短的12cm左右，径约2.5mm；长的35cm左右，径约4mm，均密被黄褐色粗糙长毛，皮孔基本不见，隔年枝直径3～5mm，近秃净或可见糙毛残迹，皮孔极不显著，髓淡褐色，片层状。叶椭圆形、长卵形、卵状长圆形至披针形，长5～11cm，宽2～5cm，顶端渐尖至短尖，基部钝形至浅心形，边缘具硬尖小锯齿，腹面绿色，洁净无毛或被稀疏糙伏毛，或中脉上被极少量的糙毛，背面稍带粉绿色或苍绿色，叶脉不甚发达，侧脉6～7对；叶柄长1～2.5cm，薄被茸毛、糙毛。花序1～3花，花序柄很短，被茸毛；花柄长5～8mm，密被茸毛；苞片钻形，长2mm；花粉红色，碗状半张开；萼片5片，卵形至长圆形，长3.5～5mm。

3. 果实性状

果实卵珠状或圆柱形，长20～23mm，直径约10mm，秃净无毛，有斑点，果柄长10～13mm，种子长1.5mm。

4. 生物学习性

连续结果能力强，徒长枝及多年生枝均可成为结果母枝，坐果率高达90%，落花落果少，果实成熟期10月中下旬，果实生育期160天。丰产性好。

品种评价

优质，抗逆性强。耐热性强，抗湿性好，田间未发现溃疡病危害。

生境

植株

花

花

叶片

甘田 4 号

Actinidia arguta Planch 'Gantian 4'

调查编号: FANGJGLXL077

所属树种: 软枣猕猴桃 *Actinidia arguta* Planch

提 供 人: 陈允资
电   话: 13737623626
住   址: 广西壮族自治区百色市乐业县甘田镇场坝6组

调 查 人: 李贤良
电   话: 13978358920
单   位: 广西特色作物研究院

调查地点: 广西壮族自治区百色市乐业县甘田镇谢家沟

地理数据: GPS数据（海拔: 1137m, 经度: E106°29'43.54", 纬度: N24°36'48.53"）

样本类型: 果实、种子、枝条、叶片

生境信息

来源于当地，生于坡地，该土地为原始林。

植物学信息

1. 植株情况

植株树势较弱，成枝率中等。

2. 植物学特征

大型落叶藤本；着花小枝长6~25cm，直径3~5mm，花期局部略被稀薄的茶褐色粉末状短茸毛，果期秃净；皮孔很显著，隔年枝直径可达7~10mm，髓茶褐色，片层状。叶软纸质，阔卵形或卵形，长7~14cm，宽4.5~6.5cm，顶端急短尖或渐尖，基部略为下延状的浅心形或截平形，或为阔楔形，两侧基本对称，边缘有比较显著的圆锯齿，腹面草绿色，洁净无毛，背面粉绿色，无毛或有仅在放大镜下方可见的少量星散的颗粒状短茸毛，叶脉不发达，侧脉7~8对，横脉和网脉不易见；叶柄水红色，长2.5~5cm，洁净无毛。花序1~3花，被茶褐色短茸毛，花序柄长6~9mm，花柄长约7mm；苞片小，卵形，长约1mm；花金黄色，直径15~18mm；萼片5片，卵形或长圆形，长4~5mm，两面均有一些茶褐色粉末状茸毛；花瓣5片，瓢状倒卵形，长7~8mm；花丝丝状，长3~4mm，花药黄色，长约1.5mm；子房柱状圆球形，密被茶褐色茸毛。

3. 果实性状

果实成熟时栗褐色或绿褐色，秃净，具枯黄色斑点，柱状圆球形或卵珠形，长3~4cm，直径2.5~3cm，在健壮果枝上往往可见一个果序有2个果；种子长约2mm。

4. 生物学习性

萌芽率76.4%，连续结果能力强，徒长枝及多年生枝均可成为结果母枝，坐果率高达95%，落花落果少，花期5月中旬，果实成熟期11月上旬，果实生育期160天。丰产性好，异位高接子一代第二年平均株产4.3kg，第四年平均株产15.8kg。

品种评价

优质，抗逆性强。耐热性强，抗湿性好，田间未发现溃疡病危害。

生境

植株

叶片

植株

枝条

甘田 5 号

Actinidia arguta Planch 'Gantian 5'

调查编号：FANGJGLXL078

所属树种：软枣猕猴桃 *Actinidia arguta* Planch

提 供 人：陈允资
电　　话：13737623626
住　　址：广西壮族自治区百色市乐业县甘田镇场坝6组

调 查 人：李贤良
电　　话：13978358920
单　　位：广西特色作物研究院

调查地点：广西壮族自治区百色市乐业县甘田镇谢家沟

地理数据：GPS数据（海拔：1236m，经度：E106°29'48.60"，纬度：N24°36'45.10"）

样本类型：果实、种子、枝条、叶片

生境信息

来源于当地，生于坡地，该土地为原始林。

植物学信息

1. 植株情况

植株树势较强，成枝率中等。

2. 植物学特征

大型落叶藤本；着花小枝和叶柄近秃净或被少量黄褐色硬毛。叶较狭，长为宽的3倍以上；边缘具小锯齿或稀疏的突尖状小齿。背面淡绿色或苍绿色；叶脉完全无毛；隔年枝直径一般4mm左右，壮健枝可粗达10mm，基本秃净或多少留有残遗的黑褐色断损硬毛，皮孔较为显著；髓茶褐色，片层状。叶纸质，长方椭圆形两侧常不对称，大小悬殊，12cm×4.5cm，17cm×5cm至22cm×8.5cm不等，顶端短尖至钝形，基部楔形至圆形，边缘一般具小锯齿，有的锯齿更不显著而近于全缘，有的具圆齿，有的具波状粗齿，腹面绿色，无毛，背面淡绿色、苍绿色至粉绿色，无毛或有毛，侧脉8～9对，大小叶脉不甚显著至较显著；叶柄长1.5～5cm，一般2cm，基本无毛至薄被稀疏软化长硬毛。伞形花序，花序柄长5～10mm，密被黄褐色茸毛，花柄长12～19mm；苞片钻形，长3mm，均被短茸毛；花淡红色；萼片5片，卵形，长5mm，密被黄褐色茸毛；花瓣5片，无毛，倒卵形，长约10mm；雄蕊与花瓣近等长；子房扁球形，直径约6mm，密被黄褐色茸毛，退化子房直径2mm，被茸毛。

3. 果实性状

果实卵状圆柱形，较大，纵径约3cm，横径约1.8cm，幼时密被金黄色长茸毛，老时毛变黄褐色，并逐渐脱落；果皮上有无数的疣状斑点；宿存萼片反折；种子纵径2mm。

4. 生物学习性

萌芽率77.6%，连续结果能力强，徒长枝及多年生枝均可成为结果母枝，坐果率高达95%，落花落果少，花期5月上旬至6月上旬。果实成熟期为10月中下旬，果实生育期160天。丰产性好，异位高接子一代第二年平均株产4.1kg，第四年平均株产13.6kg。

品种评价

优质，抗逆性强。耐热性强，抗湿性好，田间未发现溃疡病危害。

生境

植株

植株

叶片正面

叶片背面

甘田 6 号

Actinidia arguta Planch 'Gantian 6'

调查编号： FANGJGLXL079

所属树种： 软枣猕猴桃 *Actinidia arguta* Planch

提 供 人： 陈允资
电　　话： 13737623626
住　　址： 广西壮族自治区百色市乐业县甘田镇场坝6组

调 查 人： 李贤良
电　　话： 13978358920
单　　位： 广西特色作物研究院

调查地点： 广西壮族自治区百色市乐业县甘田镇垮龙坡

地理数据： GPS数据（海拔：1204m，经度：E106°29′50.00″，纬度：N24°36′43.03″）

样本类型： 果实、种子、枝条、叶片

生境信息

来源于当地，生于坡地。

植物学信息

1. 植株情况

植株树势较强，成枝率中等。

2. 植物学特征

中型至大型半常绿藤本；叶纸质，卵圆形或长卵圆形，长9～14cm，宽3～5cm，顶端渐尖，基部钝圆形至浅心形，边缘有显著或不显著的或密或疏的小锯齿，腹面深绿色，有毛或无毛，背面淡绿色，基本无毛或叶脉上薄被短茸毛，侧脉6～7对，线形，大小叶脉均比较显著；叶柄长1～3cm，被红褐色长茸毛或黄褐色糙毛或仅有硬毛数条。聚伞花序，有花3～10朵，密被红褐色或黄褐色茸毛，花序柄短，花柄长约10mm，密被黄褐色茸毛；苞片卵形，长3mm；花白色，直径10mm；萼片5片，长5～6mm，内面无毛；花瓣5片，长约5mm；花丝与花药近等长，密被黄褐色茸毛。

3. 果实性状

果实卵状圆柱形，长约2cm，具斑点，成熟时秃净。

4. 生物学习性

萌芽率78.3%，连续结果能力强，徒长枝及多年生枝均可成为结果母枝，坐果率高达93%，落花落果少，花期5月下旬至6月上旬，果实成熟期10月中下旬，果实生育期160天。丰产性好，异位高接子一代第二年平均株产3.6kg，第四年平均株产12.1kg。

品种评价

据产地群众反映，果实风味甚佳，是猕猴桃种类中最好食的一种。从生长和生态情况看，该种生长旺盛，体强株壮，较为耐旱，优质，抗逆性强。

生境

叶片

叶片

结果枝

果实

高丽营1号

Actinidia arguta Planch 'Gaoliying 1'

調查编号: LITZLJS119

所属树种: 软枣猕猴桃 *Actinidia arguta* Planch

提 供 人: 孙海洋
电　　话: 13552669744
住　　址: 北京市顺义区高丽营一村

調 查 人: 刘佳芩
电　　话: 010-51503910
单　　位: 北京市农林科学院农业综合发展研究所

調查地点: 北京市顺义区高丽营一村

地理数据: GPS数据（海拔: 39m，经度: E116°29'37"，纬度: N40°10'37"）

样本类型: 果实、种子、枝条、叶片

生境信息

生于庭院平地，该土地为非耕地，土壤质地为黏壤土。种植年限10年，现存株树1株。

植物学信息

1. 植株情况

多年生藤本植物，生长势强，树形龙干形，棚架，不埋土露地越冬，整枝形式多干，最大干周36cm，树姿开张。

2. 植物学特征

嫩梢茸毛密，梢尖茸毛无色，成熟枝条灰褐色，皮孔长圆形至短条形，幼叶黄绿色，茸毛中等密度，成龄叶心脏形，叶膜质，顶端短且急尖，基部浅心形，边缘有锯齿无毛，叶片背面绿色，叶横脉可见，不发达，侧脉稀疏，脉间直立茸毛中等。叶长11.8cm，宽8.1cm，叶柄长7～8.4cm，略被少量的卷曲茸毛。花器类型为雌能花，花序着生在腋间。聚伞花序，每花序着生1～3个花蕾，花绿色，芳香，花瓣长圆形，花序梗长1.2cm。开花时间持续3～5天，长短受天气影响较为明显。

3. 果实性状

果实倒圆形，纵径2.1cm，横径1.6cm，平均粒重5.5g。无毛，无斑点，不具宿存萼片，成熟时果皮绿色，中等厚度。果肉质地软，香味淡，风味甜酸。可溶性固形物含量17%。

4. 生物学习性

生长势强，开始结果期3～4年。仅在1年生枝上当季抽发的枝条上结果。副梢结实能力中等。全树成熟期不一致。开始萌芽期4月上旬，始花期5月上旬，果实开始熟期9月上旬，果实成熟期9月中旬。

品种评价

优质，抗病，果实可食用。主要利用部位为果实（种子）。对寒、旱、涝、瘠、盐、风、日灼等恶劣环境的抵抗能力强。主要病虫害有立枯病、猝倒病、根腐病、果实软腐病、炭疽病、根结线虫病、地老虎、金龟子、桑白盾蚧、槟栟盾蚧、叶蝉、吸果夜蛾、蝙蝠蛾等。繁殖方式为扦插繁殖、嫁接。

植株

果实

高丽营 2 号

Actinidia arguta Planch 'Gaoliying 2'

调查编号：LITZLJS120

所属树种：软枣猕猴桃 *Actinidia arguta* Planch

提 供 人：孙海洋
电　　话：13552669744
住　　址：北京市顺义区高丽营一村

调 查 人：刘佳芩
电　　话：010-51503910
单　　位：北京市农林科学院农业综合发展研究所

调查地点：北京市顺义区高丽营一村

地理数据：GPS数据（海拔：39m，经度：E116°29′17″，纬度：N40°10′27″）

样本类型：果实、种子、枝条、叶片

生境信息

来源于当地，生于庭院平地，该土地为非耕地，土壤质地为黏壤土。主要受砍伐因素的影响。种植年限10年，现存株树1株。

植物学信息

1. 植株情况

多年生藤本植物，扦插繁殖，树形龙干形，栽培模式为棚架式栽培，不埋土露地越冬，整枝形式多干。

2. 植物学特征

嫩梢茸毛密集，梢尖茸毛无色，成熟枝条灰褐色，皮孔长圆形至短条形，幼叶黄绿色，茸毛中等密度，成龄叶长13cm，宽5.8～7.1cm，叶柄长3.0～6.1m，叶膜质，顶端短且急尖，基部近圆形，边缘有锯齿无毛，叶片背面呈绿色，叶横脉可见不发达，侧脉稀疏，脉间直立茸毛密度中等。花器类型雌能花，聚伞花序，花序着生在腋间或腋外。每花序着生1～3个花蕾，花绿色，花瓣长圆形，花序梗长1.5cm。

3. 果实性状

果实倒卵形，纵径1.9cm，横径2.5cm，平均粒重4.5g。成熟时果皮黄绿色，中等厚度，无毛，不具宿存萼片。果肉质地软，香味淡，风味偏酸。可溶性固形物含量16.8%。

4. 生物学习性

生长势强，开始结果年龄为3年。在1年生枝上当季抽发的枝条上结果。全树成熟期不一致。开始萌芽期4月上旬，始花期5月上旬，果实开始成熟期9月上旬，果实成熟期9月中旬。

品种评价

抗病，果实可食用。主要利用部位为果实。对寒、旱、涝、瘠、盐、风、日灼等恶劣环境的抵抗能力强。主要病虫害有立枯病、猝倒病、根腐病、果实软腐病、炭疽病、根结线虫病、地老虎、金龟子、桑白盾蚧、槟柑盾蚧、叶蝉、吸果夜蛾、蝙蝠蛾等。繁殖方式为扦插、嫁接繁殖。

植株

生境

果实

高丽营 3 号

Actinidia arguta Planch 'Gaoliying 3'

调查编号：LITZLJS121

所属树种：软枣猕猴桃 *Actinidia arguta* Planch

提 供 人：孙海洋
电　　话：13552669744
住　　址：北京市顺义区高丽营一村

调 查 人：刘佳琴
电　　话：010-51503910
单　　位：北京市农林科学院农业综合发展研究所

调查地点：北京市顺义区高丽营一村

地理数据：GPS数据（海拔：39m，经度：E116°29'25"，纬度：N40°10'14"）

样本类型：果实、种子、枝条、叶片

生境信息

生于庭院平地，该土地为耕地，土壤质地为黏壤土。易受砍伐的影响，现存1株。

植物学信息

1. 植株情况

多年生藤本植物，树势强，树形龙干形，棚架式栽培模式，不埋土露地越冬，整枝形式多干，最大干周20cm。

2. 植物学特征

梢尖茸毛无着色，成熟枝条灰褐色，幼叶黄绿色，成龄叶卵圆形，叶膜质，顶端短且急尖，基部浅心形，边缘有锯齿无毛，叶片背面绿色，叶横脉可见不发达，侧脉稀疏，脉间直立茸毛中等。叶长12.5cm，宽8.3cm，叶柄长4.8cm，其上略被少量的卷曲茸毛。花器类型为雌能花，花序着生在腋间或腋外。聚伞花序，每花序着生1～3个花蕾，花绿色，花瓣长圆形，花序梗长1.7cm，开花时间持续3～5天，受天气影响较为明显。

3. 果实性状

果实倒卵形，纵径2.0cm，横径2.3cm，平均粒重7.15g。无毛，有少量斑点，不具宿存萼片，成熟时果皮黄绿至绿黄色。果肉质地柔软，香味淡，风味甜酸。可溶性固形物含量20.4%。

4. 生物学习性

生长势强，开始结果年龄3～4年。在1年生枝上当季抽发的枝条上结果。副梢结实能力中等。全树成熟期不一致。成熟期落粒中等。开始萌芽期4月上旬，始花期5月上旬，果实始熟期9月上旬，果实成熟期9月中旬。

品种评价

抗病，主要用途为食用。主要利用部位为果实。对寒、旱、涝、瘠、盐、风、日灼等恶劣环境的抵抗能力强。主要病虫害有立枯病、猝倒病、根腐病、果实软腐病、炭疽病、根结线虫病、地老虎、金龟子、桑白盾蚧、槟栉盾蚧、叶蝉、吸果夜蛾、蝙蝠蛾等。繁殖方式为扦插、嫁接繁殖。

植株

叶片

果实

高丽营 4 号

Actinidia arguta Planch 'Gaoliying 4'

　调查编号：LITZLJS122

　所属树种：软枣猕猴桃 *Actinidia arguta* Planch

　提供人：孙海洋
　电　话：13552669744
　住　址：北京市顺义区高丽营一村

　调查人：刘佳芩
　电　话：010-51503910
　单　位：北京市农林科学院农业综合发展研究所

　调查地点：北京市顺义区高丽营一村

　地理数据：GPS数据（海拔：39m，经度：E116°29'33"，纬度：N40°10'18"）

　样本类型：果实、种子、枝条、叶片

生境信息

来源于当地，生于庭院平地，该土地为非耕地，土壤质地为黏壤土。种植年限10年，现存1株。

植物学信息

1. 植株情况

多年生藤本植物，生长势中等，树形龙干形，自由攀附，不埋土露地越冬，整枝形式多干，最大干周18cm。

2. 植物学特征

嫩梢茸毛中等密度，梢尖茸毛无着色，成熟枝条灰褐色，幼叶黄绿色，成龄叶卵圆形，叶膜质，顶端稍长且急尖，基部浅心形，边缘有锯齿无毛，叶片背面绿色，叶横脉可见不发达，侧脉稀疏，脉间直立茸毛稀疏。叶片长11.3cm，宽7.8cm，叶柄长3.0cm，叶柄茸毛着生状态直立。花器类型为雌能花，花序着生在腋间或腋外。聚伞花序，每花序着生1～3个花蕾。花绿色，花瓣长圆形，花序梗长1.5cm，开花时间持续3～5天。

3. 果实性状

果实倒卵形，纵径2.2cm，横径2.9cm，平均粒重6g，无毛，无斑点，不具宿存萼片，成熟时果皮黄绿至绿黄色。果肉质地柔软，香味淡，可溶性固形物含量15.8%。

4. 生物学习性

生长势强，开始结果年龄3～4年。在1年生枝上当季抽发的枝条上结果。副梢结实能力中等。全树成熟期不一致。成熟期落粒轻微。开始萌芽期4月上旬，始花期5月上旬，果实始熟期9月上旬，果实成熟期9月中旬。

品种评价

抗病，主要用途为食用。主要利用部位为果实（种子）。对寒、旱、涝、瘠、盐、风、日灼等恶劣环境的抵抗能力强。主要病虫害有立枯病、猝倒病、根腐病、果实软腐病、炭疽病、根结线虫病、地老虎、金龟子、桑白盾蚧、槟栟盾蚧、叶蝉、吸果夜蛾、蝙蝠蛾等。繁殖方式为扦插、嫁接繁殖。

植株

叶片

結果状

高丽营 5 号

Actinidia arguta Planch 'Gaoliying 5'

调查编号： LITZLJS123

所属树种： 软枣猕猴桃 *Actinidia arguta* Planch

提 供 人： 孙海洋
电　　话： 13552669744
住　　址： 北京市顺义区高丽营一村

调 查 人： 刘佳芩
电　　话： 010-51503910
单　　位： 北京市农林科学院农业综合发展研究所

调查地点： 北京市顺义区高丽营一村

地理数据： GPS数据（海拔：39m，经度：E116°29'36"，纬度：N40°10'20"）

样本类型： 果实、种子、枝条、叶片

生境信息

来源于当地，生于田间坡地，土地利用类型为耕地，土壤质地为黏壤土。易受砍伐的影响。

植物学信息

1. 植株情况

多年生藤本植物，生长势较强，树形龙干形，自由攀附，不埋土露地越冬，整枝形式多干，最大干周22cm。

2. 植物学特征

嫩梢茸毛中等密度，梢尖茸毛无着色，成熟枝条灰褐色，茸毛密度中等，幼叶黄绿色，成龄叶卵圆形，叶膜质，顶端稍长且急尖，基部浅心形，边缘有锯齿无毛，叶片长12.4cm，宽8.9cm，叶柄长3.8cm，叶柄茸毛着生状态直立。叶横脉稀疏清晰可见，侧脉稀疏，脉间直立茸毛稀疏。花器类型为雌能花，花序着生在腋间或腋外。聚伞花序，每花序着生1~3个花蕾。花瓣长圆形，绿色，花序梗长1.7cm。开花时间持续3~5天。易受极端天气的影响。

3. 果实性状

果实倒卵形，无毛，无斑点，果实纵径2.7cm，横径2.0cm，平均粒重5.8g。成熟时果皮黄绿至绿黄色。果肉质地柔软，香味淡，可溶性固形物含量14.6%。

4. 生物学习性

生长势强，开始结果年龄3~4年。在1年生枝上当季抽发的枝条上结果。全树成熟期不一致。成熟期落粒中等。开始萌芽期4月上旬，始花期5月上旬，果实始熟期9月上旬，果实成熟期9月中旬。

品种评价

抗病，耐贫瘠。主要用途为食用。主要利用部位为果实（种子）。对寒、旱、涝、瘠、盐、风、日灼等恶劣环境的抵抗能力强。主要病虫害有立枯病、猝倒病、根腐病、果实软腐病、炭疽病、根结线虫病、地老虎、金龟子、桑白盾蚧、槟榔盾蚧、叶蝉、吸果夜蛾、蝙蝠蛾等。繁殖方式为扦插、嫁接繁殖。

生境

果实

叶片

结果状

水峪村 1 号

Actinidia arguta Planch 'Shuiyucun 1'

調查编号： LITZLJS124

所属树种： 软枣猕猴桃 *Actinidia arguta* Planch

提 供 人： 闫凤娇
电　　话： 13911630686
住　　址： 北京市平谷区大华山镇政府

調 查 人： 刘佳梦
电　　话： 010-51503910
单　　位： 北京市农林科学院农业综合发展研究所

調查地点： 北京市平谷区镇罗营镇水峪村

地理数据： GPS数据（海拔：359m，经度：E117°16'20"，纬度：N40°107.50"）

样本类型： 果实、种子、枝条、叶片

生境信息

来源于当地，生于旷野坡地，土地利用类型为人工林，土壤质地为砂壤土。易受砍伐的影响。现存1株。

植物学信息

1. 植株情况

多年生藤本植物，生长势较强，树形为龙干形，自由攀附，不埋土露地越冬，整枝形式多干，最大干周26cm。

2. 植物学特征

梢尖茸毛无着色，成熟枝条黄褐色，幼叶黄绿色，成龄叶卵圆形，叶膜质，顶端长且急尖，基部近圆形，叶边缘有锯齿，锯齿两侧直与两侧凹皆有且无毛，叶片长8.7cm，宽5.4cm，叶柄长2.6cm，叶横脉稀疏，清晰可见，脉间直立茸毛密度稀疏。花器类型为雌能花，花序着生在腋间或腋外。聚伞花序，每花序着生1～3个花蕾。花瓣长圆形，浅绿色，花序梗长1.8cm。开花时间持续3～5天。时间长短受天气情况影响较明显。

3. 果实性状

果实倒卵形，纵径2.8cm，横径2.3cm，平均粒重11g。成熟时果皮黄绿至绿黄色，中等厚度，果肉质地柔软，香味程度较淡，可溶性固形物含量14.2%。

4. 生物学习性

生长势强，开始结果年龄3～4年。在1年生枝上当季抽发的枝条上结果。全树成熟期不一致。成熟期落粒轻微。开始萌芽期4月上旬，始花期5月上旬，果实始熟期8月中旬，果实成熟期8月下旬。

品种评价

抗病，抗旱，耐贫瘠。主要用途为食用。主要利用部位为果实（种子）。对寒、旱、涝、瘠、盐、风、日灼等恶劣环境的抵抗能力强。主要病虫害有果实软腐病、炭疽病、立枯病、猝倒病、根结线虫病、地老虎、桑白盾蚧、槟栉盾蚧、吸果夜蛾、蝙蝠蛾等。繁殖方式为扦插、嫁接。

植株

结果状

果实

叶片

水峪村 2 号

Actinidia arguta Planch 'Shuiyucun 2'

调查编号： LITZLJS125

所属树种： 软枣猕猴桃 *Actinidia arguta* Planch

提供人： 闫凤娇
电　话： 13911630686
住　址： 北京市平谷区大华山镇政府

调查人： 刘佳梦
电　话： 010-51503910
单　位： 北京市农林科学院农业综合发展研究所

调查地点： 北京市平谷区镇罗营镇水峪村

地理数据： GPS数据（海拔：359m，经度：E117°16'20"，纬度：N40°10'7.50"）

样本类型： 果实、种子、枝条、叶片

生境信息

生于旷野坡地，土地利用类型为人工林，代表生长环境的标志种有杨树、槐树。土壤质地为砂壤土。易受砍伐的影响。现存1株。

植物学信息

1. 植株情况

多年生藤本植物，生长势较强，树形龙干形，架式小棚架，无需埋土露地即可越冬，整枝形式多干，最大干周32cm。

2. 植物学特征

梢尖茸毛无着色，成熟枝条灰褐色，幼叶黄绿色，成龄叶长9.5cm，宽7.2cm，叶柄长2.2cm，叶膜质，卵圆形，顶端短且渐尖，基部近圆形，叶边缘有锯齿，锯齿双侧凸且无毛。叶横脉明显且稀疏，脉间直立茸毛稀疏。花序着生在腋间，花器为雌能花，聚伞花序，每花序着生1~3个花蕾。花瓣长圆形，浅绿色，花序梗长1.9cm。开花时间持续3~5天。

3. 果实性状

果实倒卵形，纵径2.5cm，横径2.2cm，平均粒重6.18g。成熟时果皮黄绿至绿黄色，中等厚度，果肉质地柔软，香味程度中等，可溶性固形物含量14.8%。

4. 生物学习性

生长势强，开始结果年龄3年。在1年生枝上当季抽发的枝条上结果。全树成熟期不一致。单穗成熟期一致，成熟期落粒中等。开始萌芽期4月上旬，始花期5月上旬，果实始熟期8月中旬，果实成熟期8月下旬。

品种评价

抗病，耐贫瘠。主要用途为食用。主要利用部位为果实（种子）。对寒、旱、涝、瘠、盐、风、日灼等恶劣环境的抵抗能力强。主要病虫害有果实软腐病、炭疽病、立枯病、猝倒病、根结线虫病、地老虎、桑白盾蚧、槟栉盾蚧、蝙蝠蛾等。繁殖方式为扦插、嫁接。

植株

叶片

果实

水峪村 3 号

Actinidia arguta Planch 'Shuiyucun 3'

调查编号： LITZLJS126

所属树种： 软枣猕猴桃 *Actinidia arguta* Planch

提 供 人： 闫凤娇
电　　话： 13911630686
住　　址： 北京市平谷区大华山镇政府

调 查 人： 刘佳琴
电　　话： 010-51503910
单　　位： 北京市农林科学院农业综合发展研究所

调查地点： 北京市平谷区镇罗营镇水峪村

地理数据： GPS数据（海拔：359m，经度：E117°16'20"，纬度：N40°107.50"）

样本类型： 果实、种子、枝条、叶片

生境信息

生于庭院，代表生长环境的标志种有杨树、槐树等，土壤质地为砂壤土。容易受砍伐因素的影响，现存1株。

植物学信息

1. 植株情况

多年生藤本植物，扦插繁殖，树势较强，树形龙干形，棚架式栽植，无需埋土露地即可越冬，整枝形式多干，最大干周40cm。

2. 植物学特征

梢尖茸毛无着色，成熟枝条黄褐色，幼叶黄绿色，成龄叶卵圆形，叶纸质，顶端长且急尖，基部圆形，叶边缘有锯齿不明显，锯齿双侧凸形态且无毛。叶片长11.5cm，宽7.1cm，叶柄长3.4cm，叶横脉明显且稀疏，侧脉较密集，脉间直立茸毛稀疏。花器为雌能花，花序着生在腋间，聚伞花序，每花序着生1~3个花蕾。花瓣长圆形，绿白色，花序梗长1.4cm。开花时间持续3~5天。

3. 果实性状

果实倒卵形，纵径3.0cm，横径2.4cm，平均粒重6.0g。成熟时果皮黄绿至绿黄色，中等厚度，果肉颜色浅，质地柔软，香味较淡，可溶性固形物含量15.8%。

4. 生物学习性

生长势强，开始结果年龄3~4年。在1年生枝上当季抽发的枝条上结果。全树成熟期不一致。单穗成熟期一致，成熟期落粒轻微。开始萌芽期4月上旬，始花期5月上旬，果实始熟期8月中旬，果实成熟期8月下旬。

品种评价

抗病。主要用途为食用。主要利用部位为果实（种子）。对寒、旱、涝、瘠、盐、风、日灼等恶劣环境的抵抗能力强。主要病虫害有果实软腐病、炭疽病、立枯病、猝倒病、根结线虫病、地老虎、桑白盾蚧、槟栉盾蚧、蝙蝠蛾等。繁殖方式为扦插、嫁接繁殖。

生境

叶片

枝条

果实

水峪村 4 号

Actinidia arguta Planch 'Shuiyucun 4'

调查编号：LITZLJS127

所属树种：软枣猕猴桃 *Actinidia arguta* Planch

提 供 人：闫凤娇
电　　话：13911630686
住　　址：北京市平谷区大华山镇政府

调 查 人：刘佳梦
电　　话：010-51503910
单　　位：北京市农林科学院农业综合发展研究所

调查地点：北京市平谷区镇罗营镇水峪村

地理数据：GPS数据（海拔：359m，经度：E117°16'20"，纬度：N40°107.50"）

样本类型：果实、种子、枝条、叶片

生境信息

来源于当地，生于庭院。代表生长环境的优势种有杨树、槐树，土壤质地为砂壤土。现存1株。

植物学信息

1. 植株情况

多年生藤本植物，树势较强，树形龙干形，棚架式栽植，无需埋土露地即可越冬，整枝形式多干，最大干周20cm。

2. 植物学特征

梢尖茸毛无着色，成熟枝条灰褐色，幼叶黄绿色，成龄叶膜质，叶片卵圆形，顶端较短且急尖，基部近圆形，长10.5cm，宽6.6cm，叶柄红色，长4.0cm，叶边缘有锯齿，双侧凸。叶横脉明显不发达，侧脉较密集，叶背面绿白色，花器为雌能花，花序着生在腋间，聚伞花序，每花序着生1~3个花蕾，花瓣长圆形，绿白色，花序梗长1.5cm。

3. 果实性状

果实倒卵形，纵径3.3cm，横径2.2cm，平均粒重7.2g。成熟时果皮黄绿至绿黄色，中等厚度，质地柔软，果肉汁液偏少，香味较淡，可溶性固形物含量15.8%。

4. 生物学习性

生长势强，开始结果年龄3年。全树成熟期不一致。单穗成熟期一致，成熟期落粒中等。开始萌芽期4月上旬，始花期5月上旬，果实始熟期9月上旬，果实成熟期9月中下旬。

品种评价

抗旱，耐贫瘠，抗病。主要用途为食用。主要利用部位为果实（种子）。对寒、旱、涝、瘠、盐、风、日灼等恶劣环境的抵抗能力强。主要病虫害有果实软腐病、立枯病、猝倒病、根结线虫病、地老虎、桑白盾蚧、蝙蝠蛾等。繁殖方式为扦插、嫁接。

生境

植株

果实

果实

响水湖 1 号

Actinidia arguta Planch 'Xiangshuihu 1'

○ 调查编号：LITZLJS128

○ 所属树种：软枣猕猴桃 *Actinidia arguta* Planch

○ 提 供 人：赵久贵
电　　话：13436863384
住　　址：北京市怀柔区渤海镇响水湖

○ 调 查 人：刘佳芩
电　　话：010-1503910
单　　位：北京市农林科学院农业综合发展研究所

○ 调查地点：北京市怀柔区渤海镇响水湖

○ 地理数据：GPS数据（海拔：589m，经度：E116°31'10"，纬度：N40°27'48"）

○ 样本类型：果实、种子、枝条、叶片

生境信息

生于旷野，代表生长环境的优势种有杨树、槐树，容易受砍伐因素的影响，土地利用类型为人工林，土壤质地为砂壤土。现存1株。

植物学信息

1. 植株情况

多年生藤本植物，树势较强，树形龙干形，无架式栽植，无需埋土露地即可越冬，整枝形式多干，最大干周26cm。

2. 植物学特征

梢尖茸毛无着色，成熟枝条灰褐色，幼叶黄绿色，成龄叶纸质，叶片卵圆形，长11.0cm，宽6.3cm，顶端较短且急尖，基部近圆形，叶柄红色，长3.7cm，叶边缘有锯齿，双侧凹。叶横脉不发达，侧脉密度中等，叶背面浅绿色，花器为雌能花，花序着生在叶腋间，聚伞花序，每花序着生1～3个花蕾。花瓣长圆形，绿色，花序梗长1.3cm。

3. 果实性状

果实近圆柱形，纵径2.3cm，横径1.8cm，平均粒重4.0g。成熟时果皮黄绿至绿黄色，厚度较薄，果肉颜色中等，质地柔软，果肉汁液含量中等，香味较淡，可溶性固形物含量达13%。

4. 生物学习性

生长势强，开始结果年龄3年。全树成熟期不一致。成熟期落粒中等。开始萌芽期4月上旬，始花期5月上旬，果实始熟期8月上旬，果实成熟期8月中下旬。

品种评价

抗旱，耐贫瘠。主要用途为食用。主要利用部位为果实（种子）。对寒、旱、涝、瘠、盐、风、日灼等恶劣环境的抵抗能力强。主要病虫害有果实软腐病、立枯病、猝倒病、根结线虫病、地老虎、桑白盾蚧、蝙蝠蛾等。繁殖方式为扦插、嫁接。

生境

果实

植株

果实

响水湖 2 号

Actinidia arguta Planch 'Xiangshuihu 2'

🔘 调查编号： LITZLJS129

🔖 所属树种： 软枣猕猴桃 *Actinidia arguta* Planch

📄 提 供 人： 赵久贵
电　　话： 13436863384
住　　址： 北京市怀柔区渤海镇响水湖

📋 调 查 人： 刘佳棽
电　　话： 010-51503910
单　　位： 北京市农林科学院农业综合发展研究所

📍 调查地点： 北京市怀柔区渤海镇响水湖

🌐 地理数据： GPS数据（海拔：589m，经度：E116°31'45"，纬度：N40°27'19"）

🖼 样本类型： 果实、种子、枝条、叶片

📋 生境信息

来源于当地，生于旷野，地形为坡地，土地利用类型为人工林，代表生长环境的优势种有杨树、槐树，土壤质地为砂壤土。现存1株。

📖 植物学信息

1. 植株情况

多年生藤本植物，树势较弱，树形龙干形，自由攀附，无需埋土露地即可越冬，整枝形式多干，最大干周20cm。

2. 植物学特征

梢尖茸毛无着色，成熟枝条灰褐色，幼叶黄绿色，成龄叶纸质，长11.2cm，宽7.3cm，叶片卵圆形，顶端较短且急尖，基部近圆形，叶柄浅红色，长3.6cm，叶边缘有锯齿，双侧凹。叶横脉可见相对较密，侧脉密度稀少，叶背面浅绿色，花器为雌能花，花序着生在叶腋间，聚伞花序，每花序着生1～3个花蕾。花瓣长圆形，白色，花序梗长1.5cm。

3. 果实性状

果实近圆柱形，纵径2.5cm，横径1.9cm，平均粒重4.3g。成熟时果皮黄绿至绿黄色，厚度中等，果肉颜色浅，质地柔软，果肉汁液含量多，香味较淡，可溶性固形物含量18%。

4. 生物学习性

生长势强，开始结果年龄3～4年。全树成熟期不一致。成熟期落粒轻微。开始萌芽期4月上旬，始花期5月上旬，果实始熟期8月中旬，果实成熟期8月下旬。

📑 品种评价

抗旱，耐贫瘠。主要用途为食用。主要利用部位为果实（种子）。对寒、旱、涝、瘠、盐、风、日灼等恶劣环境的抵抗能力强。主要病虫害有果实软腐病、立枯病、猝倒病、根结线虫病、地老虎、桑白盾蚧、蝙蝠蛾等。繁殖方式为扦插、嫁接。

生境

植株

雌花

叶片

响水湖 3 号

Actinidia arguta Planch 'Xiangshuihu 3'

调查编号： LITZLJS130

所属树种： 软枣猕猴桃 *Actinidia arguta* Planch

提 供 人： 赵久贵
电　　话： 13436863384
住　　址： 北京市怀柔区渤海镇响水湖

调 查 人： 刘佳芩
电　　话： 010-51503910
单　　位： 北京市农林科学院农业综合发展研究所

调查地点： 北京市怀柔区渤海镇响水湖

地理数据： GPS数据（海拔：589m，经度：E116°31'45"，纬度：N40°27'19"）

样本类型： 果实、种子、枝条、叶片

生境信息

来源于当地，生于旷野，代表生长环境的优势种有杨树、槐树，生存容易受放牧因素的影响，地形为坡地，坡向为阴坡，土地利用类型为人工林，土壤质地为砂壤土。现存1株。

植物学信息

1. 植株情况

多年生藤本植物，树势较弱，树形龙干形，自由攀附，无需埋土露地即可越冬，整枝形式多干，最大干周20cm。

2. 植物学特征

梢尖茸毛无着色，成熟枝条黄褐色，幼叶绿色并带有黄斑，成龄叶膜质，卵圆形，顶端较短且急尖，基部近圆形，长10.7cm，宽6.4cm，叶柄浅红色，长3.8cm，叶边缘有锯齿，双侧凹。叶横脉可见，密度稀疏，侧脉密度稀少，叶背面浅绿色。花为雌能花，花序着生在叶腋间或腋外，聚伞花序，每花序着生1~3个花蕾。花瓣长圆形，绿白色，花序梗长1.8cm。

3. 果实性状

果实近倒卵形，纵径3.2cm，横径2.4cm，平均粒重8.0g。成熟时果皮黄绿至绿黄色，厚度较厚，果肉颜色中等，质地较软，果肉汁液含量中等，香味程度较淡，可溶性固形物含量17%。

4. 生物学习性

生长势强，开始结果年龄3年。全树成熟期不一致。成熟期落粒中等。开始萌芽期4月上旬，始花期5月上旬，果实始熟期8月中旬，果实成熟期8月下旬。

品种评价

适应性广，抗旱，耐贫瘠。主要用途为食用。主要利用部位为果实（种子）。对寒、旱、涝、瘠、盐、风、日灼等恶劣环境的抵抗能力强。主要病虫害有果实软腐病、立枯病、猝倒病、根结线虫病、地老虎、桑白盾蚧、蝙蝠蛾等。繁殖方式为扦插、嫁接。

叶片

雌花

结果枝

响水湖 4 号

Actinidia arguta Planch 'Xiangshuihu 4'

调查编号：LITZLJS131

所属树种：软枣猕猴桃 *Actinidia arguta* Planch

提 供 人：赵久贵
电　　话：13436863384
住　　址：北京市怀柔区渤海镇响水湖

调 查 人：刘佳芩
电　　话：010-51503910
单　　位：北京市农林科学院农业综合发展研究所

调查地点：北京市怀柔区渤海镇响水湖

地理数据：GPS数据（海拔：589m，经度：E116°31'45"，纬度：N40°27'19"）

样本类型：果实、种子、枝条、叶片

生境信息

生于旷野，代表生长环境的优势种有杨树、槐树，生存容易受放牧因素的影响，地形为坡地，坡向为阴坡，土地利用类型为原始林，土壤质地为砂壤土。现存1株。

植物学信息

1. 植株情况

多年生藤本植物，树势较强，树形无定形，自由攀附，无需埋土露地即可越冬，整枝形式多干，最大干周19cm。

2. 植物学特征

梢尖茸毛无着色，成熟枝条灰褐色，幼叶黄绿色，成龄叶膜质，叶片卵圆形，顶端较短且急尖，长12cm，宽7.1cm，叶柄浅红色，长4.1cm，叶边缘有锯齿，双侧凸。叶横脉密度清晰可见，侧脉密度较密，叶背面浅绿色。花器为雌能花，花序着生在叶腋间或腋外，聚伞花序，每花序着生1~3个花蕾。花瓣长圆形，白色，花序梗长1.7cm。

3. 果实性状

果实近圆柱形，纵径2.8cm，横径2.3cm，平均粒重7.5g。成熟时果皮黄绿至绿黄色，厚度较厚，果肉颜色极浅，质地较软，果肉汁液含量少，香味程度较淡，可溶性固形物含量达15%。

4. 生物学习性

生长势强，开始结果年龄3年。全树成熟期不一致。成熟期落粒轻微。开始萌芽期4月上旬，始花期5月上旬，果实始熟期9月中旬，果实成熟期9月下旬。

品种评价

高产、适应性广，抗旱，耐贫瘠。主要用途为食用。主要利用部位为果实（种子）。对寒、旱、涝、瘠、盐、风、日灼等恶劣环境的抵抗能力强。主要病虫害有果实软腐病、立枯病、猝倒病、根结线虫病、地老虎、桑白盾蚧、蝙蝠蛾等。繁殖方式为扦插、嫁接。

生境

植株

果实

果实

果实

响水湖 5 号

Actinidia arguta Planch 'Xiangshuihu 5'

调查编号：LITZLJS132

所属树种：软枣猕猴桃 *Actinidia arguta* Planch

提 供 人：赵久贵
电　　话：13436863384
住　　址：北京市怀柔区渤海镇响水湖

调 查 人：刘佳芠
电　　话：010-51503910
单　　位：北京市农林科学院农业综合发展研究所

调查地点：北京市怀柔区渤海镇响水湖

地理数据：GPS数据（海拔：589m，经度：E116°31'45"，纬度：N40°27'19"）

样本类型：果实、种子、枝条、叶片

生境信息

来源于当地，生于旷野，代表生长环境的优势种为槐树，地形为坡地，坡向为阴坡，土地利用类型为原始林，土壤质地为砂壤土。现存1株。

植物学信息

1. 植株情况

多年生藤本植物，树势中等，树形无定形，自由攀附，无需埋土露地即可越冬，整枝形式多干，最大干周28cm。

2. 植物学特征

梢尖茸毛无着色，成熟枝条黄褐色，幼叶黄绿色，成龄叶膜质，叶片卵圆形，顶端较长且急尖，长10.1cm，宽6.0cm，叶柄浅红色，长4.1cm，叶边缘有锯齿不明显，双侧凸，有茸毛。叶横脉密度稀疏清晰可见，侧脉密度较密，叶背面绿色，花器类型雌能花，花序着生在叶腋间或腋外，聚伞花序，每花序着生1~3个花蕾。花瓣长圆形，白色，花序梗长1.9cm。

3. 果实性状

果实倒卵形，纵径3.4cm，横径2.4cm，平均粒重8.5g。成熟时果皮绿色，厚度中等，果肉颜色极浅，质地较软，果肉汁液含量中等，香味程度较淡，可溶性固形物含量达18%。

4. 生物学习性

生长势强，开始结果年龄3~4年。全树成熟期不一致。成熟期落粒严重。开始萌芽期4月上旬，始花期5月上旬，果实始熟期9月中旬，果实成熟期9月下旬。

品种评价

抗病、适应性广，抗旱。主要用途为食用。主要利用部位为果实（种子）。对寒、旱、涝、瘠、盐、风、日灼等恶劣环境的抵抗能力强。主要病虫害有果实软腐病、立枯病、猝倒病、根结线虫病、地老虎、桑白盾蚧、蝙蝠蛾等。繁殖方式为扦插、嫁接。

生境

叶片

果实

果实

果实

小栾尺沟 1 号

Actinidia chinensis Planch
'Xiaoluanchigou 1'

调查编号： FANGJBQXJ021

所属树种： 中华猕猴桃 *Actinidia chinensis* Planch

提 供 人： 韩华中
电　　话： 15938825798
住　　址： 河南省南阳市西峡县丁河镇马蹄村小栾尺沟

调 查 人： 齐秀娟
电　　话： 13903865864
单　　位： 中国农业科学院郑州果树研究所

调查地点： 河南省南阳市西峡县丁河镇马蹄村小栾尺沟

地理数据： GPS数据（海拔：56m，经度：E111°18'04.16"，纬度：N33°28'24.30"）

样本类型： 果实、种子、枝条、叶片

生境信息

来源于当地，生于旷野中坡度80°、坡向为东的坡地，伴生物种为柠檬头。该土地为原始林，土壤质地为砂壤土，现存1株，种植农户为1户。

植物学信息

1. 植株情况

植株树势中等，成枝率中等。

2. 植物学特征

自由攀附，不埋土露地越冬，多干；藤本，无嫩梢茸毛；幼叶绿色带有黄斑，叶下表面叶脉间无匍匐茸毛，叶脉间无直立茸毛；成龄叶长10~12cm，超广卵形，成龄叶裂片数三裂，上缺刻深；叶片绿色，边缘具尖锯齿，革质光滑；叶柄长10~13cm，粗3mm。

3. 果实性状

果实短圆形，纵径4.4cm，横径3.5cm，平均单果重35.76g；果皮浅绿色，中等厚度；果肉绿色，质地软，无香味。

4. 生物学习性

生长势强，开始结果年龄为3年，全树一致成熟，成熟期落粒轻微，一季结果。

品种评价

高产，耐贫瘠，果实可食用。繁殖方法为嫁接，主要病虫害为黄化病；对寒、旱、涝、瘠、盐、风、日灼等恶劣环境有较强抵抗能力；对土壤的要求pH中性偏酸。

植株

叶片

果实

小栾尺沟 2 号

Actinidia chinensis Planch
'Xiaoluanchigou 2'

调查编号：FANGJBQXJ022

所属树种：中华猕猴桃 *Actinidia chinensis* Planch

提 供 人：韩华中
电　　话：15938825798
住　　址：河南省南阳市西峡县丁河镇马蹄村小栾尺沟

调 查 人：齐秀娟
电　　话：13903865864
单　　位：中国农业科学院郑州果树研究所

调查地点：河南省南阳市西峡县丁河镇马蹄村小栾尺沟

地理数据：GPS数据（海拔：226m，经度：E111°18′17.20″，纬度：N33°28′25.33″）

样本类型：果实、种子、枝条、叶片

生境信息

来源于当地，生于旷野中坡度为60°、坡向为西的坡地，伴生物种为野禾，该土地为原始林，土壤质地为砂壤土，现存1株，种植农户为1户。

植物学信息

1. 植株情况

植株树势中等，成枝率中等。

2. 植物学特征

自由攀附，不埋土露地越冬，多干。藤本，无嫩梢茸毛，梢尖茸毛无着色；成熟枝条暗褐色。幼叶绿色带有黄斑，叶下表面叶脉间无匍匐茸毛，叶脉间无直立茸毛；成龄叶长10～12cm，宽12～14cm，阔卵形，成龄叶裂片数三裂，上缺刻浅；叶柄洼基部U形；叶片绿色，边缘具尖锯齿，革质光滑；叶柄长7.5～9cm，粗4～5cm，黄色。

3. 果实性状

果实卵圆形，纵径3.48cm，横径2.84cm，平均单果重18.28g，果皮浅绿色，果肉黄绿色，质地软，无香味。

4. 生物学习性

生长势中等，开始结果年龄为3年，全树一致成熟，成熟期落粒轻微，一季结果。

品种评价

高产，耐贫瘠，果实可食用；繁殖方法为嫁接；主要病害为黄化病；对寒、旱、涝、瘠、盐、风、日灼等恶劣环境有较强抵抗能力；对土壤的要求pH中性偏酸。

植株 叶片 果实 枝条

小栾尺沟 3 号

Actinidia chinensis Planch
'Xiaoluanchigou 3'

调查编号： FANGJBQXJ023

所属树种： 中华猕猴桃 *Actinidia chinensis* Planch

提 供 人： 韩华中
电　　话： 15938825798
住　　址： 河南省南阳市西峡县丁河镇马蹄村小栾尺沟

调 查 人： 齐秀娟
电　　话： 13903865864
单　　位： 中国农业科学院郑州果树研究所

调查地点： 河南省南阳市西峡县丁河镇马蹄村小栾尺沟

地理数据： GPS数据（海拔： 187m，经度： E111°18'18.86"，纬度： N33°28'26.24"）

样本类型： 果实、种子、枝条、叶片

生境信息

来源于当地，生于旷野中坡度为70°、坡向为西的坡地，伴生物种为车子条。该土地为原始林，土壤质地为砂壤土，现存1株，种植农户为1户。

植物学信息

1. 植株情况

植株树势中等，成枝率较低。

2. 植物学特征

自由攀附，不埋土露地越冬，多干。无嫩梢茸毛；成熟枝条暗褐色。幼叶绿色带有黄斑，叶无茸毛，叶下表面叶脉间无匍匐茸毛，叶脉间无直立茸毛；成龄叶长10～13cm，宽12～15cm，超广倒卵形，成龄叶裂片数三裂，上缺刻中等；叶柄洼基部V形；叶片绿色，边缘具尖锯齿，革质光滑；叶柄长13～14cm，粗3～5cm，黄绿色。

3. 果实性状

果实短圆柱形，纵径4.76cm，横径3.84cm，平均粒重44.04g，果皮浅绿色，厚度中等；果肉黄绿色，质地软，无香味。

4. 生物学习性

生长势强，开始结果年龄为3年，全树一致成熟，成熟期落粒轻微，一季结果。

品种评价

高产，耐贫瘠，果实可食用；繁殖方法为嫁接；主要病害为黄化病；对寒、旱、涝、瘠、盐、风、日灼等恶劣环境有较强抵抗能力。无特殊要求，对土壤的要求pH中性偏酸。

植株

叶片

果实

枝条

小栾尺沟 4 号

Actinidia chinensis Planch
'Xiaoluanchigou 4'

调查编号：FANGJBQXJ024

所属树种：中华猕猴桃 *Actinidia chinensis* Planch

提供人：韩华中
电　话：15938825798
住　址：河南省南阳市西峡县丁河镇马蹄村小栾尺沟

调查人：齐秀娟
电　话：13903865864
单　位：中国农业科学院郑州果树研究所

调查地点：河南省南阳市西峡县丁河镇马蹄村小栾尺沟

地理数据：GPS数据（海拔：543m，经度：E111°18'11.72"，纬度：N33°28'27.01"）

样本类型：果实、种子、枝条、叶片

生境信息

来源于当地，生于旷野中坡度为85°、坡向为南的坡地，伴生物种为车子条。该土地为原始林，土壤质地为砂壤土，现存1株，种植农户为1户。

植物学信息

1. 植株情况

植株树势中等，成枝率中等。

2. 植物学特征

自由攀附，不埋土露地越冬，多干。藤本，无嫩梢茸毛，梢尖茸毛无着色；成熟枝条暗褐色。幼叶黄绿色，叶无茸毛，叶下表面叶脉间无匍匐茸毛，叶脉间无直立茸毛；成龄叶长10～11cm，宽13～14cm，阔卵形，成龄叶裂片数三裂，上缺刻中等；叶柄洼基部V形；叶片绿色，边缘具尖锯齿，革质光滑；叶柄长7～9cm，粗3～5cm，黄绿色。

3. 果实性状

果实椭圆形，纵径4.65cm，横径4.34cm，平均单果重56.78g，果皮浅绿色，厚度中等；果肉绿色，质地软，无香味；可溶性固形物含量12.25%。

4. 生物学习性

生长势中等，开始结果年龄为3年，全树一致成熟，成熟期落粒轻微，一季结果。

品种评价

高产，耐贫瘠，果实可食用。繁殖方法为嫁接；主要病害为黄化病；抗逆性较强。对土壤的要求pH中性偏酸。

植株

叶片

果实

枝条

小栾尺沟 5 号

Actinidia chinensis Planch
'Xiaoluanchigou 5'

调查编号：FANGJBQXJ025

所属树种：中华猕猴桃 *Actinidia chinensis* Planch

提 供 人：韩华中
电　　话：15938825798
住　　址：河南省南阳市西峡县丁河镇马蹄村小栾尺沟

调 查 人：齐秀娟
电　　话：13903865864
单　　位：中国农业科学院郑州果树研究所

调查地点：河南省南阳市西峡县丁河镇马蹄村小栾尺沟

地理数据：GPS数据（海拔：664m，经度：E111°18'11.70"，纬度：N33°28'25.67"）

样本类型：果实、种子、枝条、叶片

生境信息

来源于当地，生于旷野中坡度为75°、坡向为南的坡地，伴生物种为桐籽树，该土地为原始林，土壤质地为砂壤土，现存1株，种植农户为1户。

植物学信息

1. 植株情况

植株树势中等，成枝率中等。

2. 植物学特征

自由攀附，不埋土露地越冬，多干。藤本，无嫩梢茸毛；成熟枝条黄褐色。幼叶黄绿色，叶下表面叶脉间无匍匐茸毛，叶脉间无直立茸毛；成龄叶长10~12cm，宽12~14cm，阔卵形，成龄叶裂片数三裂，上缺刻深；叶片黄绿色，边缘具尖锯齿，革质光滑；叶柄黄绿色。

3. 果实性状

果实倒卵形，纵径3.82cm，横径3.78cm，平均单果重32.7g，果皮浅绿色，厚度中等；果肉绿色，质地软，无香味；可溶性固形物含量9.5%。

4. 生物学习性

生长势强，开始结果年龄为3年，全树一致成熟，成熟期落粒轻微，一季结果。

品种评价

高产，耐贫瘠，果实可食用；繁殖方法为嫁接；主要病害为黄化病；对寒、旱、涝、瘠、盐、风、日灼等恶劣环境有较强抵抗能力；对土要求pH中性偏酸。

植株

叶片

果实

枝条

小栾尺沟 6 号

Actinidia chinensis Planch
'Xiaoluanchigou 6'

调查编号： FANGJBQXJ026

所属树种： 中华猕猴桃 *Actinidia chinensis* Planch

提 供 人： 韩华中
电 话： 15938825798
住 址： 河南省南阳市西峡县丁河镇马蹄村小栾尺沟

调 查 人： 齐秀娟
电 话： 13903865864
单 位： 中国农业科学院郑州果树研究所

调查地点： 河南省南阳市西峡县丁河镇马蹄村小栾尺沟

地理数据： GPS数据（海拔：687m，经度：E111°18′11.30″，纬度：N33°28′24.89″）

样本类型： 果实、种子、枝条、叶片

生境信息

来源于当地，生于旷野中坡度为70°、坡向为东的坡地，伴生物种为野禾。该土地为原始林，土壤质地为砂壤土，现存1株，种植农户为1户。

植物学信息

1. 植株情况

植株树势中等，成枝率较高。

2. 植物学特征

自由攀附，不埋土露地越冬，多干。藤本，无嫩梢茸毛；成熟枝条暗褐色。幼叶黄绿色，叶片长4~5cm，宽3cm；叶无茸毛，叶下表面叶脉间无匍匐茸毛，叶脉间无直立茸毛；成龄叶长7~8cm，宽8~9cm，心脏形，成龄叶裂片数五裂，上缺刻中等，叶柄洼基部V形；叶片革质光滑；叶柄黄绿色。

3. 果实性状

果实扁圆形，纵径3.95cm，横径4.12cm，平均单果重35.04g，果皮浅绿色，厚度中等；果肉绿色，质地软，无香味；可溶性固形物含量10.75%。

4. 生物学习性

生长势强，开始结果年龄为3年，全树一致成熟，成熟期落粒轻微，一季结果。

品种评价

高产，耐贫瘠，果实可食用；繁殖方法为嫁接；主要病害为黄化病；对寒、旱、涝、瘠、盐、风、日灼等恶劣环境有较强抵抗能力，对土壤的要求pH中性偏酸。

植株

叶片

果实

小栾尺沟 7 号

Actinidia chinensis Planch
'Xiaoluanchigou 7'

调查编号： FANGJBQXJ027

所属树种： 中华猕猴桃 *Actinidia chinensis* Planch

提 供 人： 韩华中
电　　话： 15938825798
住　　址： 河南省南阳市西峡县丁河镇马蹄村小栾尺沟

调 查 人： 齐秀娟
电　　话： 13903865864
单　　位： 中国农业科学院郑州果树研究所

调查地点： 河南省南阳市西峡县丁河镇马蹄村小栾尺沟

地理数据： GPS数据（海拔：670m，经度：E111°18'12.01"，纬度：N33°28'24.72"）

样本类型： 果实、种子、枝条、叶片

生境信息

来源于当地，生于旷野中坡度为70°、坡向为南的坡地。该土地为原始林，土壤质地为砂壤土，现存1株，种植农户为1户。

植物学信息

1. 植株情况

植株树势中等，成枝率中等。

2. 植物学特征

自由攀附，不埋土露地越冬，多干。藤本，无嫩梢茸毛，梢尖茸毛无着色；成熟枝条暗褐色。幼叶黄绿色，叶片长7.5~9cm，宽4~5cm；叶无茸毛，叶下表面叶脉间无匍匐茸毛，叶脉间无直立茸毛；成龄叶长12~13cm，宽8~9cm，阔卵形，成龄叶裂片数三裂，上缺刻中等，叶柄洼基部楔形；叶片绿色，边缘具尖锯齿，革质光滑；叶柄黄绿色。

3. 果实性状

果实短圆形，纵径5.08cm，横径4.31cm，平均单果重53.55g，果皮厚度中等；果肉绿色，质地软，无香味；可溶性固形物含量11.25%。

4. 生物学习性

生长势强，开始结果年龄为3年，全树一致成熟，成熟期落粒轻微，一季结果。

品种评价

高产，耐贫瘠，果实可食用；繁殖方法为嫁接；主要病害为黄化病；对寒、旱、涝、瘠、盐、风、日灼等恶劣环境有较强抵抗能力，对土壤的要求pH中性偏酸。

植株

叶片

果实

小栾尺沟 8 号

Actinidia chinensis Planch
'Xiaoluanchigou 8'

调查编号：FANGJBQXJ028

所属树种：中华猕猴桃 *Actinidia chinensis* Planch

提 供 人：韩华中
电　　话：15938825798
住　　址：河南省南阳市西峡县丁河镇马蹄村小栾尺沟

调 查 人：齐秀娟
电　　话：13903865864
单　　位：中国农业科学院郑州果树研究所

调查地点：河南省南阳市西峡县丁河镇马蹄村小栾尺沟

地理数据：GPS数据（海拔：660m，经度：E111°1759.92"，纬度：N33°28'25.59"）

样本类型：果实、种子、枝条、叶片

生境信息

来源于当地，生于旷野中坡度为80°、坡向为南的坡地。该土地为原始林，土壤质地为砂壤土，现存1株，种植农户为1户。

植物学信息

1. 植株情况

植株树势较强，成枝率中等。

2. 植物学特征

自由攀附，不埋土露地越冬，多干。灌木，无嫩梢茸毛；成熟枝条黄褐色。幼叶黄绿色，叶无茸毛，叶下表面叶脉间无匍匐茸毛，叶脉间无直立茸毛；成龄叶长10～12cm，宽12～13cm，超阔卵形，成龄叶裂片数三裂，上缺刻深，叶柄洼基部V形；叶片绿色，倒卵圆形，边缘具尖锯齿，革质光滑；叶柄黄绿色。

3. 果实性状

果实倒卵形，纵径4.38cm，横径3.63cm，平均单果重38.52g，果皮浅绿色，厚度中等；果肉绿色，质地软，无香味；可溶性固形物含量15.25%。

4. 生物学习性

生长势强，开始结果年龄为3年，全树一致成熟，成熟期落粒轻微，一季结果。

品种评价

高产，耐贫瘠，果实可食用；繁殖方法为嫁接；主要病害为黄化病；对寒、旱、涝、瘠、盐、风、日灼等恶劣环境有较强抵抗能力，对土壤的要求pH中性偏酸。

植株

枝条

果实

叶片

小栾尺沟 9 号

Actinidia chinensis Planch
'Xiaoluanchigou 9'

调查编号： FANGJBQXJ029

所属树种： 中华猕猴桃 *Actinidia chinensis* Planch

提 供 人： 韩华中
电　　话： 15938825798
住　　址： 河南省南阳市西峡县丁河镇马蹄村小栾尺沟

调 查 人： 齐秀娟
电　　话： 13903865864
单　　位： 中国农业科学院郑州果树研究所

调查地点： 河南省南阳市西峡县丁河镇马蹄村小栾尺沟

地理数据： GPS数据（海拔：670m，经度：E111°18'12.01"，纬度：N33°28'24.72"）

样本类型： 果实、种子、枝条、叶片

生境信息

来源于当地，生于旷野中坡向为西的坡地。该土地为原始林，土壤质地为砂壤土，现存1株，种植农户为1户。

植物学信息

1. 植株情况

植株树势较强，成枝率较低。

2. 植物学特征

树势中等，自由攀附，不埋土露地越冬，多干。藤本，无嫩梢茸毛；成熟枝条黄褐色。幼叶黄绿，无茸毛，叶下表面叶脉间无匍匐茸毛，叶脉间无直立茸毛；成龄叶长11～12cm，宽13～14cm；广卵形，成龄叶裂片数三裂，上缺刻中等，叶柄洼基部V形；叶片绿色，边缘具尖锯齿，革质光滑；叶柄长7～8cm，粗4～5mm，黄绿色。

3. 果实性状

果实圆柱形，纵径4.33cm，横径2.78cm，平均单果重20.56g，果皮厚度中等；果肉绿色，质地软，无香味；可溶性固形物含量14.5%。

4. 生物学习性

生长势中等，开始结果年龄为3年，全树一致成熟，成熟期落粒轻微，一季结果。

品种评价

高产，耐贫瘠，果实可食用；繁殖方法为嫁接；主要病害为黄化病；对寒、旱、涝、瘠、盐、风、日灼等恶劣环境有强抵抗能力，对土壤的要求pH中性偏酸。

植株

叶片

果实

果实

小栾尺沟 10 号

Actinidia chinensis Planch
'Xiaoluanchigou 10'

调查编号：FANGJBQXJ030

所属树种：中华猕猴桃 *Actinidia chinensis* Planch

提 供 人：韩华中
电　　话：15938825798
住　　址：河南省南阳市西峡县丁河镇马蹄村小栾尺沟

调 查 人：齐秀娟
电　　话：13903865864
单　　位：中国农业科学院郑州果树研究所

调查地点：河南省南阳市西峡县丁河镇马蹄村小栾尺沟

地理数据：GPS数据（海拔：617m，经度：E111°18'04.59"，纬度：N33°28'30.88"）

样本类型：果实、种子、枝条、叶片

生境信息

来源于当地，生于旷野中坡度为75°、坡向为北的坡地，伴生物种为山黄。该土地为原始林，土壤质地为砂壤土，现存1株，种植农户为1户。

植物学信息

1. 植株情况

植株树势中等，成枝率较低。

2. 植物学特征

自由攀附，不埋土露地越冬，多干。藤本，嫩梢茸毛极密，梢尖茸毛着色浅；成熟枝条暗褐色。幼叶黄绿，叶茸毛密，叶下表面叶脉间匍匐茸毛极疏，叶脉间无直立茸毛；成龄叶长11~14cm，宽14~16cm，超广卵形，成龄叶裂片数三裂，上缺刻浅，叶柄洼基部V形；叶片绿色，边缘具尖锯齿，革质粗糙；叶柄长5~8cm，粗4mm，紫红色。

3. 果实性状

果实椭圆形，纵径5.27cm，横径4.12cm，平均单果重34.08g，果皮厚度中等；果肉绿色，质地软，无香味；可溶性固形物含量11%。

4. 生物学习性

生长势中等，开始结果年龄为3年，全树一致成熟，成熟期落粒轻微，一季结果。

品种评价

高产，耐贫瘠，果实可食用；繁殖方法为嫁接；主要病害为黄化病；对寒、旱、涝、瘠、盐、风、日灼等恶劣环境有较强抵抗能力，对土壤的要求pH中性偏酸。

植株

叶片

果实

枝条

小栾尺沟 11号

Actinidia chinensis Planch
'Xiaoluanchigou 11'

○ 调查编号: FANGJBQXJ031

○ 所属树种: 中华猕猴桃 *Actinidia chinensis* Planch

○ 提供人: 韩华中
电 话: 15938825798
住 址: 河南省南阳市西峡县丁河镇马蹄村小栾尺沟

○ 调查人: 齐秀娟
电 话: 13903865864
单 位: 中国农业科学院郑州果树研究所

○ 调查地点: 河南省南阳市西峡县丁河镇马蹄村小栾尺沟

○ 地理数据: GPS数据（海拔：708m，经度：E111°18'17.19"，纬度：N33°28'36.26"）

○ 样本类型: 果实、种子、枝条、叶片

生境信息

来源于当地，生于旷野中坡度为80°、坡向为北的坡地，伴生物种为鸡头根（蒋村）。该土地为原始林，土壤质地为砂壤土，现存1株，种植农户为1户。

植物学信息

1. 植株情况

植株树势较强，成枝率中等。

2. 植物学特征

自由攀附，不埋土露地越冬，多干。藤本，嫩梢茸毛极疏，梢尖茸毛着色浅；成熟枝条黄褐色。幼叶黄绿色，叶无茸毛，叶下表面叶脉间匍匐茸毛极疏，叶脉间直立茸毛极疏；成龄叶长13～14cm，宽13～15cm，超广卵形，成龄叶裂片数全缘或三裂，上缺刻浅，叶柄洼基部U形；叶片绿色，边缘具尖锯齿，革质光滑；叶柄长5～7cm，粗4mm，黄绿色。

3. 果实性状

果实椭圆形，纵径4.19cm，横径3.14cm，平均单果重25.30g，果皮厚度中等；果肉绿色，质地软，无香味；可溶性固形物含量11.5%。

4. 生物学习性

生长势强，开始结果年龄为3年，全树一致成熟，成熟期落粒轻微，一季结果。

品种评价

高产，耐贫瘠，果实可食用；繁殖方法为嫁接；主要病害为黄化病；对寒、旱、涝、瘠、盐、风、日灼等恶劣环境有较强抵抗能力，对土壤的要求pH中性偏酸。

植株

叶片

果实

枝条

叶家坟猕猴桃

Actinidia chinensis Planch
'Yejiafenmihoutao'

调查编号： FANGJBQXJ032

所属树种： 中华猕猴桃 *Actinidia chinensis* Planch

提 供 人： 韩华中
电　　话： 15938825798
住　　址： 河南省南阳市西峡县丁河镇马蹄村小栾尺沟

调 查 人： 齐秀娟
电　　话： 13903865864
单　　位： 中国农业科学院郑州果树研究所

调查地点： 河南省南阳市西峡县丁河镇马蹄村叶家坟

地理数据： GPS数据（海拔：746m，经度：E111°18′17.10″，纬度：N33°28′36.52″）

样本类型： 果实、种子、枝条、叶片

生境信息

来源于当地，生于旷野中坡度为40°、坡向为西北的坡地。该土地为原始林，土壤质地为砂壤土，现存1株，种植农户为1户。

植物学信息

1. 植株情况

植株树势中等，成枝率中等。

2. 植物学特征

自由攀附，不埋土露地越冬，多干。藤本，嫩梢茸毛中等，梢尖茸毛着色浅；成熟枝条暗褐色。幼叶黄绿色，茸毛中等，叶下表面叶脉间匍匐茸毛中等，叶脉间直立茸毛中等；成龄叶长11～13cm，宽12～13cm，超广卵形，成龄叶裂片数三裂，上缺刻浅，叶柄洼基部楔形；叶片绿色，边缘具尖锯齿，革质光滑；叶柄长5～8cm，粗3～4mm，黄绿色。

3. 果实性状

果实圆柱形，纵径4.09cm，横径3.60cm，平均单果重28.22g，果皮厚度中等；质地软，无香味；可溶性固形物含量7.0%。

4. 生物学习性

生长势强，开始结果年龄为3年，全树一致成熟，成熟期落粒轻微，一季结果。

品种评价

高产，耐贫瘠，果实可食用；繁殖方法为嫁接；主要病害为黄化病；对寒、旱、涝、瘠、盐、风、日灼等恶劣环境有较强抵抗能力，对土壤的要求pH中性偏酸。

果实

叶片

植株

枝条

柳树林窝 1 号

Actinidia chinensis Planch
'Liushulinwo 1'

调查编号：FANGJBQXJ033

所属树种：中华猕猴桃 *Actinidia chinensis* Planch

提 供 人：韩华中
电　　话：15938825798
住　　址：河南省南阳市西峡县丁河镇马蹄村小栾尺沟

调 查 人：齐秀娟
电　　话：13903865864
单　　位：中国农业科学院郑州果树研究所

调查地点：河南省南阳市西峡县丁河镇马蹄村柳树林窝

地理数据：GPS数据（海拔：652m，经度：E111°18'13.85"，纬度：N33°28'32.46"）

样本类型：果实、种子、枝条、叶片

生境信息

来源于当地，生于旷野平地，伴生物种为桐籽树。土壤质地为砂壤土，现存1株，种植农户为1户。

植物学信息

1. 植株情况

植株树势较强，成枝率较高。

2. 植物学特征

自由攀附，不埋土露地越冬，多干。藤本，嫩梢茸毛极疏，梢尖茸毛无着色；成熟枝条暗褐色。幼叶绿色带有黄斑，叶无茸毛，叶下表面叶脉间匍匐无茸毛，叶脉间直立无茸毛；成龄叶长13～15cm，宽13～15cm，广卵形，成龄叶裂片数三裂，上缺刻中等，叶柄洼基部楔形；叶片绿色，圆形，革质光滑；叶柄长13～15cm，粗5～6mm，黄绿色。

3. 果实性状

果实短圆形，纵径4.31cm，横径3.62cm，平均单果重33.48g，果皮厚度中等；质地软，无香味；可溶性固形物含量11.5%。

4. 生物学习性

生长势强，开始结果年龄为3年，全树一致成熟，成熟期落粒轻微，一季结果。

品种评价

高产，耐贫瘠，果实可食用；繁殖方法为嫁接；主要病害为黄化病；对寒、旱、涝、瘠、盐、风、日灼等恶劣环境有较强抵抗能力，对土壤的要求pH中性偏酸。

植株

叶片

果实

枝条

柳树林窝 2 号

Actinidia chinensis Planch
'Liushulinwo 2'

调查编号：FANGJBQXJ034

所属树种：中华猕猴桃 *Actinidia chinensis* Planch

提 供 人：韩华中
电　　话：15938825798
住　　址：河南省南阳市西峡县丁河镇马蹄村小栾尺沟

调 查 人：齐秀娟
电　　话：13903865864
单　　位：中国农业科学院郑州果树研究所

调查地点：河南省南阳市西峡县丁河镇马蹄村柳树林窝

地理数据：GPS数据（海拔：701m，经度：E111°18'16.08"，纬度：N33°28'31.63"）

样本类型：果实、种子、枝条、叶片

生境信息

来源于当地，生于旷野中坡度为85°、坡向为西的坡地，伴生物种为臭椿。该土地为原始林，土壤质地为砂壤土，现存1株，种植农户为1户。

植物学信息

1. 植株情况

植株树势强，成枝率中等。

2. 植物学特征

自由攀附，不埋土露地越冬，多干。藤本，嫩梢无茸毛，梢尖茸毛无着色；成熟枝条暗褐色。幼叶黄绿色，叶无茸毛，叶下表面叶脉间无匍匐茸毛，叶脉间无直立茸毛；成龄叶长14~15cm，宽13~15cm，超广倒卵形，成龄叶裂片数三裂，上缺刻中等，叶柄洼基部楔形；叶片绿色，革质光滑；叶柄长14~15cm，粗4mm，黄绿色。

3. 果实性状

果实倒卵形，纵径4.04cm，横径2.77cm，平均单果重30.7g，果皮厚度中等；质地软，无香味；可溶性固形物含量10.5%。

4. 生物学习性

生长势强，开始结果年龄为3年，全树一致成熟，成熟期落粒轻微，一季结果。

品种评价

高产，耐贫瘠，果实可食用；繁殖方法为嫁接；主要病害为黄化病；对寒、旱、涝、瘠、盐、风、日灼等恶劣环境有较强抵抗能力，对土壤的要求pH中性偏酸。

植株

叶片

果实

柳树林窝 3 号

Actinidia chinensis Planch
'Liushulinwo 3'

调查编号：FANGJBQXJO35

所属树种：中华猕猴桃 *Actinidia chinensis* Planch

提供人：韩华中
电　话：15938825798
住　址：河南省南阳市西峡县丁河镇马蹄村小栾尺沟

调查人：齐秀娟
电　话：13903865864
单　位：中国农业科学院郑州果树研究所

调查地点：河南省南阳市西峡县丁河镇马蹄村柳树林窝

地理数据：GPS数据（海拔：733m，经度：E111°18'27.40"，纬度：N33°28'37.02"）

样本类型：果实、种子、枝条、叶片

生境信息

来源于当地，生于旷野中坡度为75°、坡向为西的坡地，伴生物种为臭椿。该土地为原始林，土壤质地为砂壤土，现存1株，种植农户为1户。

植物学信息

1. 植株情况

植株树势较强，成枝率较高。

2. 植物学特征

自由攀附，不埋土露地越冬，多干。藤本，嫩梢无茸毛，梢尖无茸毛着色；成熟枝条暗褐色。幼叶黄绿色，叶无茸毛，叶下表面叶脉间匍匐茸毛极疏，叶脉间无直立茸毛；成龄叶长7～8cm，宽8～9cm，超广卵形，成龄叶裂片数三裂，上缺刻深，叶柄洼基部楔形；叶片绿色，叶片边缘尖锯齿，革质光滑；叶柄长7～8cm，粗4～5mm，黄绿色。

3. 果实性状

果实倒卵形，纵径4.45cm，横径3.1cm，平均单果重26.22g，果皮厚度中等；质地软，无香味；可溶性固形物含量11.25%。

4. 生物学习性

生长势强，开始结果年龄为3年，全树一致成熟，成熟期落粒轻微，一季结果。

品种评价

高产，耐贫瘠，果实可食用；繁殖方法为嫁接；主要病害为黄化病；对寒、旱、涝、瘠、盐、风、日灼等恶劣环境有较强抵抗能力，对土壤的要求pH中性偏酸。

植株

叶片

果实

柳树林窝 4 号

Actinidia chinensis Planch
'Liushulinwo 4'

调查编号：FANGJBQXJ036

所属树种：中华猕猴桃 *Actinidia chinensis* Planch

提供人：韩华中
电　话：15938825798
住　址：河南省南阳市西峡县丁河镇马蹄村小栾尺沟

调查人：齐秀娟
电　话：13903865864
单　位：中国农业科学院郑州果树研究所

调查地点：河南省南阳市西峡县丁河镇马蹄村柳树林窝

地理数据：GPS数据（海拔：742m，经度：E111°18'17.48"，纬度：N33°28'33.36"）

样本类型：果实、种子、枝条、叶片

生境信息

来源于当地，生于旷野中坡度为85°、坡向为西的坡地，伴生物种为八月炸。该土地为原始林，土壤质地为砂壤土，现存1株，种植农户为1户。

植物学信息

1. 植株情况

植株树势中等，成枝率中等偏低。

2. 植物学特征

自由攀附，不埋土露地越冬，多干。藤本，嫩梢无茸毛，梢尖无茸毛着色；成熟枝条暗褐色。幼叶黄绿色，叶无茸毛，叶下表面叶脉间匍匐茸毛疏，叶脉间直立茸毛疏；成龄叶长11～12cm，宽12～13cm，广卵形，成龄叶裂片数三裂，上缺刻浅，叶柄洼基部V形；叶片绿色，革质光滑；叶柄长7～8cm，粗3～4mm，黄绿色。

3. 果实性状

果实倒卵形，纵径4.14cm，横径2.99cm，平均单果重24.70g，果皮厚度中等；质地软，无香味；可溶性固形物含量10.5%。

4. 生物学习性

生长势中等，开始结果年龄为3年，全树一致成熟，成熟期落粒轻微，一季结果。

品种评价

高产，耐贫瘠，果实可食用；繁殖方法为嫁接；主要病害为黄化病；对寒、旱、涝、瘠、盐、风、日灼等恶劣环境有较强抵抗能力，对土壤的要求pH中性偏酸。

植株

叶片

果实

枝条

柳树林窝5号

Actinidia chinensis Planch
'Liushulinwo 5'

调查编号： FANGJBQXJ037

所属树种： 中华猕猴桃 *Actinidia chinensis* Planch

提 供 人： 韩华中
电　　话： 15938825798
住　　址： 河南省南阳市西峡县丁河镇马蹄村小栾尺沟

调 查 人： 齐秀娟
电　　话： 13903865864
单　　位： 中国农业科学院郑州果树研究所

调查地点： 河南省南阳市西峡县丁河镇马蹄村柳树林窝

地理数据： GPS数据（海拔：701m，经度：E111°18'17.59"，纬度：N33°28'33.42"）

样本类型： 果实、种子、枝条、叶片

生境信息

来源于当地，生于旷野中坡度为75°、坡向为西北的坡地，伴生物种为臭椿。该土地为原始林，土壤质地为砂壤土，现存1株，种植农户为1户。

植物学信息

1. 植株情况

植株树势中等，成枝率中等。

2. 植物学特征

自由攀附，不埋土露地越冬，多干。藤本，嫩梢无茸毛；成熟枝条暗褐色。幼黄绿，叶无茸毛，叶下表面叶脉间匍匐茸毛疏，叶脉间直立茸毛疏；成龄叶长13～14cm，宽11～13cm，广卵形，成龄叶裂片数三裂，上缺刻浅，叶柄洼基部V形；叶片绿色，边缘尖锯齿，革质光滑；叶柄长7～8cm，粗3～4mm，黄绿色。

3. 果实性状

果实圆柱形，纵径4.32cm，横径3.04cm，平均单果重24.5g，果皮厚度中等；质地软，无香味；可溶性固形物含量15.5%。

4. 生物学习性

生长势强，开始结果年龄为3年，全树一致成熟，成熟期落粒轻微，一季结果。

品种评价

高产，耐贫瘠，果实可食用；繁殖方法为嫁接；主要病害为黄化病；对寒、旱、涝、瘠、盐、风、日灼等恶劣环境有较强抵抗能力，对土壤的要求pH中性偏酸。

植株

叶片

果实

柳树林窝 6 号

Actinidia chinensis Planch
'Liushulinwo 6'

○ 调查编号：FANGJBQXJ038

○ 所属树种：中华猕猴桃 *Actinidia chinensis* Planch

○ 提 供 人：韩华中
电　　话：15938825798
住　　址：河南省南阳市西峡县丁河镇马蹄村小栾尺沟

○ 调 查 人：齐秀娟
电　　话：13903865864
单　　位：中国农业科学院郑州果树研究所

○ 调查地点：河南省南阳市西峡县丁河镇马蹄村柳树林窝

○ 地理数据：GPS数据（海拔：730m，经度：E111°18'17.96"，纬度：N33°28'33.61"）

○ 样本类型：果实、种子、枝条、叶片

生境信息

来源于当地，生于旷野中坡度为85°、坡向为西北的坡地，伴生物种为八月炸。该土地为原始林，土壤质地为砂壤土，现存1株，种植农户为1户。

植物学信息

1. 植株情况

植株树势强，成枝率高。

2. 植物学特征

自由攀附，不埋土露地越冬，多干。藤本，嫩梢茸毛密，梢尖茸毛着色极深；成熟枝条黄褐色。幼叶黄绿色，叶茸毛极密，叶下表面叶脉间匍匐茸毛密，叶脉间直立茸毛疏；成龄叶长13～14cm，宽10～12cm，超广卵形，成龄叶裂片数多七裂，上缺刻尖或浅，叶柄洼基部V形；叶片绿色，革质光滑；叶柄长7～8cm，粗4～5mm，黄绿色。

3. 果实性状

果实短圆形，纵径4.75cm，横径3.62cm，平均单果重34.22g，果皮厚度中等；质地软，无香味；可溶性固形物含量8.75%。

4. 生物学习性

生长势强，开始结果年龄为3年，全树一致成熟，成熟期落粒轻微，一季结果。

品种评价

高产，耐贫瘠，果实可食用；繁殖方法为嫁接；主要病害为黄化病；对寒、旱、涝、瘠、盐、风、日灼等恶劣环境有较强抵抗能力，对土壤的要求pH中性偏酸。

植株

叶片

果实

果实

柳树林窝 7 号

Actinidia chinensis Planch
'Liushulinwo 7'

调查编号：FANGJBQXJ039

所属树种：中华猕猴桃 *Actinidia chinensis* Planch

提供人：韩华中
电　话：15938825798
住　址：河南省南阳市西峡县丁河镇马蹄村小栾尺沟

调查人：齐秀娟
电　话：13903865864
单　位：中国农业科学院郑州果树研究所

调查地点：河南省南阳市西峡县丁河镇马蹄村柳树林窝

地理数据：GPS数据（海拔：739m，经度：E111°18'17.57"，纬度：N33°28'33.65"）

样本类型：果实、种子、枝条、叶片

生境信息

来源于当地，生于旷野中坡度为70°、坡向为西北的坡地，伴生物种为八月炸。土地为原始林，土壤质地为砂壤土，现存1株，种植农户为1户。

植物学信息

1. 植株情况

植株树势较强，成枝率较高。

2. 植物学特征

自由攀附，不埋土露地越冬，多干。藤本，嫩梢无茸毛，梢尖无茸毛着色；成熟枝条暗褐色。幼叶黄绿色，叶无茸毛，叶下表面叶脉间匍匐茸毛极疏，叶脉间直立茸毛疏；成龄叶长7~8cm，宽8~9cm，超广倒卵形，成龄叶裂片数三裂，上缺刻中等，叶柄洼基部V形；叶片绿色，叶片边缘尖锯齿，革质光滑；叶柄长7~8cm，粗3~4mm，黄绿色。

3. 果实性状

果实椭圆形，纵径4.17cm，横径3.39cm，平均单果重27.88g，果皮厚度中等；质地软，无香味；可溶性固形物含量11.00%。

4. 生物学习性

生长势强，开始结果年龄为3年，全树一致成熟，成熟期落粒轻微，一季结果。

品种评价

高产，耐贫瘠，果实可食用；繁殖方法为嫁接；主要病害为黄化病；对寒、旱、涝、瘠、盐、风、日灼等恶劣环境有较强抵抗能力，对土壤的要求pH中性偏酸。

观林

叶片

果实

柳树林窝 8 号

Actinidia chinensis Planch
'Liushulinwo 8'

调查编号： FANGJBQXJ040

所属树种： 中华猕猴桃 *Actinidia chinensis* Planch

提 供 人： 韩华中
电　　话： 15938825798
住　　址： 河南省南阳市西峡县丁河镇马蹄村小栾尺沟

调 查 人： 齐秀娟
电　　话： 13903865864
单　　位： 中国农业科学院郑州果树研究所

调查地点： 河南省南阳市西峡县丁河镇马蹄村柳树林窝

地理数据： GPS数据（海拔：714m，经度：E111°18'18.32"，纬度：N33°28'34.91"）

样本类型： 果实、种子、枝条、叶片

生境信息

来源于当地，生于旷野中坡度为80°、坡向为西北的坡地，伴生物种为车子条。该土地为原始林，土壤质地为砂壤土，现存1株，种植农户为1户。

植物学信息

1. 植株情况

植株树势中等，成枝率中等。

2. 植物学特征

自由攀附，不埋土露地越冬，多干。藤本，嫩梢茸毛密，梢尖茸毛着色深；成熟枝条红褐色。幼叶黄绿色，叶无茸毛，叶下表面叶脉间匍匐茸毛疏，叶脉间直立茸毛疏；成龄叶长10~11cm，宽10~11cm，超广倒卵形，成龄叶裂片数三裂，上缺刻中等，叶柄洼基部V形；叶片深绿色，边缘尖锯齿，革质光滑；叶柄长12~14cm，粗3~4.5mm，红褐色。

3. 果实性状

果实椭圆形，纵径4.43cm，横径3.70cm，平均单果重34.78g，果皮厚度中等；质地软，无香味；可溶性固形物含量11.00%。

4. 生物学习性

生长势强，开始结果年龄为3年，全树一致成熟，成熟期落粒轻微，一季结果。

品种评价

高产，耐贫瘠，果实可食用；繁殖方法为嫁接；主要病害为黄化病；对寒、旱、涝、瘠、盐、风、日灼等恶劣环境有较强抵抗能力，对土壤的要求pH中性偏酸。

植株

叶片

果实

稻田沟1号

Actinidia chinensis Planch 'Daotiangou 1'

调查编号： FANGJBQXJ001

所属树种： 中华猕猴桃 *Actinidia chinensis* Planch

提 供 人： 黄玉波
电　　话： 13803878920
住　　址： 河南省南阳市西峡县五里桥镇老君店村稻田沟组

调 查 人： 齐秀娟
电　　话： 13903865864
单　　位： 中国农业科学院郑州果树研究所

调查地点： 河南省南阳市西峡县五里桥镇老君店村稻田沟

地理数据： GPS数据（海拔：219m，经度：E111°28'37"，纬度：N33°15'15.18"）

样本类型： 果实、种子、枝条、叶片

生境信息

来源于当地，生于旷野平地中，伴生物种为柠檬头。该土地为人工林，土壤质地为砂壤土，现存5株。

植物学信息

1. 植株情况

植株树势强，成枝率较高。

2. 植物学特征

实生，自由攀附，不埋土露地越冬，多干。藤本，1年生枝绿褐色，上具少量长梭形和短梭形毛孔，老枝棕褐色，具有中等数量长梭形和短梭形黄褐色皮孔。嫩梢无茸毛，幼叶绿色带有黄斑，叶下表面叶脉间有茸毛，成龄叶长18~20cm，宽17~19cm，超广卵形，成龄叶裂片数三裂，上缺刻深；叶片绿色，边缘具尖锯齿。

3. 果实性状

果实圆柱形；果皮绿褐色，有黄色点状皮孔，且有均匀分布的白色短茸毛，萼片宿存，果喙端微钝凸。果皮中等厚度；果肉黄色，质地软，无香味。

4. 生物学习性

生长势强，开始结果年龄为3年，全树一致成熟，成熟期落粒轻微，一季结果，早期落叶。

品种评价

高产，耐贫瘠，果实可食用；抗性强，对寒、旱、涝、瘠、盐、风、日灼等恶劣环境有较强抵抗能力，对土壤的要求pH中性偏酸。

生境

成熟枝条

1年生枝

叶片

果实

稻田沟 2 号

Actinidia chinensis Planch 'Daotiangou 2'

○ 调查编号：FANGJBQXJ002

⚷ 所属树种：中华猕猴桃 *Actinidia chinensis* Planch

▤ 提 供 人：黄玉波
电　　话：13803878920
住　　址：河南省南阳市西峡县五里桥镇老君店村稻田沟组

▥ 调 查 人：齐秀娟
电　　话：13903865864
单　　位：中国农业科学院郑州果树研究所

◉ 调查地点：河南省南阳市西峡县五里桥镇老君店村稻田沟

🌐 地理数据：GPS数据（海拔：230m，经度：E111°28'45.67"，纬度：N33°15'51.21"）

🖼 样本类型：果实、种子、枝条、叶片

📋 生境信息

来源于当地庭院中，伴生物种为盆栽植物。土壤质地为壤土。现存2株。

📋 植物学信息

1. 植株情况

植株树势强，成枝率较高。

2. 植物学特征

自由攀附，不埋土露地越冬，多干。藤本，1年生枝棕褐色，上具少量长梭形和短梭形毛孔，老枝棕褐色，具有中等数量长梭形和短梭形黄褐色皮孔。嫩梢有较稀茸毛，梢尖茸毛着色极浅。幼叶绿色，叶下表面叶脉间有茸毛。成龄叶长16cm，宽14cm，超广卵形，成龄叶裂片数三裂，上缺刻深；叶片绿色，边缘具尖锯齿。

3. 果实性状

果实广椭圆形；果皮绿褐色，有黄色点状皮孔，且有均匀分布的黄色短茸毛，萼片宿存，果喙端微钝凸。果皮中等厚度；果肉黄色，质地软，有香味。

4. 生物学习性

生长势强，开始结果年龄为3年，全树一致成熟，成熟期落粒轻微，一季结果，早期落叶。

📋 品种评价

高产，耐贫瘠，果实可食用；抗性强，对寒、旱、涝、瘠、盐、风、日灼等恶劣环境有较强抵抗能力；对土壤的要求pH中性偏酸。

生境

戚熟枝条

1年生枝

叶片

果实

丰山 1 号

Actinidia chinensis Planch 'Fengshan 1'

调查编号：FANGJBQXJ003

所属树种：中华猕猴桃 *Actinidia chinensis* Planch

提 供 人：庞建民
电　　话：15036218301
住　　址：河南省南阳市西峡县丁河镇丰山村二组

调 查 人：齐秀娟
电　　话：13903865864
单　　位：中国农业科学院郑州果树研究所

调查地点：河南省南阳市西峡县丁河镇丰山村二组

地理数据：GPS数据（海拔：30m，经度：E111°18'36.16"，纬度：N33°23'00.19"）

样本类型：果实、种子、枝条、叶片

生境信息

来源于当地田间，地形为平地，土壤质地为壤土。现存1株。

植物学信息

1. 植株情况

植株树势中等，成枝率中等。

2. 植物学特征

自由攀附，不埋土露地越冬，多干。藤本，1年生枝灰褐色，上具少量长梭形和短梭形毛孔，老枝棕褐色，有开裂，具有少量短梭形黄褐色皮孔。嫩梢无茸毛。幼叶黄绿色，无茸毛。叶下表面叶脉间有极疏茸毛。成龄叶长13.5cm，宽17.5cm，超广倒卵形，叶柄长8.5cm，粗4mm。成龄叶裂片数三裂，上缺刻深；叶片绿色，边缘具尖锯齿。

3. 果实性状

果实椭圆形，果肩斜。果皮绿褐色，密集黄色点状皮孔，且有均匀分布的黄色短茸毛，萼片宿存，果喙端圆。果皮中等厚度；果肉黄色，质地软，有香味。

4. 生物学习性

生长势中等，开始结果年龄为3年，全树一致成熟，成熟期落粒轻微，一季结果，早期落叶。

品种评价

耐贫瘠，果实可食用；对寒、旱、涝、瘠、盐、风、日灼等恶劣环境抵抗能力稍弱；对土壤的要求pH中性偏酸。

果实

成熟枝条

1年生枝

叶片

丰山2号

Actinidia chinensis Planch 'Fengshan 2'

调查编号：FANGJBQXJ004

所属树种：中华猕猴桃 *Actinidia chinensis* Planch

提 供 人：庞建民
电　　话：15036218301
住　　址：河南省南阳市西峡县丁河镇丰山村二组

调 查 人：齐秀娟
电　　话：13903865864
单　　位：中国农业科学院郑州果树研究所

调查地点：河南省南阳市西峡县丁河镇丰山村二组

地理数据：GPS数据（海拔：341m，经度：E111°18'36.16"，纬度：N33°23'0.19"）

样本类型：果实、种子、枝条、叶片

生境信息

来源于当地田间，地形为平地，土壤质地为壤土。种植年限7年，现存1株。

植物学信息

1. 植株情况

植株树势中等，成枝率中等。

2. 植物学特征

自由攀附，不埋土露地越冬，多干。藤本，1年生枝绿褐色，上具中等数量长梭形和短梭形皮孔，老枝黄褐色。嫩梢上有较疏茸毛，茸毛无着色。幼叶绿色，叶下表面叶脉间有极疏茸毛。成龄叶长12cm，宽13cm，超广倒卵形，叶柄黄绿色，长8.5cm，粗4mm。成龄叶裂片数三裂，上缺刻深；叶片绿色，边缘具尖锯齿。

3. 果实性状

果实椭圆形，果肩圆。果皮绿褐色，密集黄色点状皮孔，且有均匀分布的白色短茸毛，萼片宿存，果皮上有棕色裂纹。果喙端圆。果皮中等厚度；果肉黄色，质地软，有香味。

4. 生物学习性

生长势中等，开始结果年龄为3年，全树一致成熟，成熟期落粒轻微，一季结果，早期落叶。

品种评价

优质、耐旱，果实可食用；对寒、旱、涝、瘠、盐、风、日灼等恶劣环境抵抗能力强；对土壤的要求pH中性偏酸。

叶片

1年生枝

果实

丰山 3 号

Actinidia chinensis Planch 'Fengshan 3'

调查编号：FANGJBQXJ005

所属树种：中华猕猴桃 *Actinidia chinensis* Planch

提 供 人：庞建民
电　　话：15036218301
住　　址：河南省南阳市西峡县丁河镇丰山村二组

调 查 人：齐秀娟
电　　话：13903865864
单　　位：中国农业科学院郑州果树研究所

调查地点：河南省南阳市西峡县丁河镇丰山村二组

地理数据：GPS数据（海拔：341m，经度：E111°18'36.16"，纬度：N33°23'0.19"）

样本类型：果实、种子、枝条、叶片

生境信息

来源于当地田间，地形为平地，土壤质地为砂壤土。种植年限7年，现存1株。

植物学信息

1. 植株情况

植株树势中等，成枝率中等。

2. 植物学特征

自由攀附，不埋土露地越冬，多干。藤本，1年生枝黄褐色，上具中等数量短梭形皮孔，老枝灰褐色。嫩梢上无茸毛。幼叶绿色带黄斑，叶下表面叶脉间有极稀疏匍匐茸毛。成龄叶长8～16cm，宽8～16cm，广卵形，叶柄黄绿色，长7～12cm，粗3～5mm。成龄叶裂片数三裂，上缺刻深；叶片绿色，边缘具尖锯齿。

3. 果实性状

果实卵形，果肩圆。果皮绿褐色，密集黄色点状皮孔，且有均匀分布的白色短茸毛，萼片宿存，果皮上有棕色裂纹。果喙端浅凹。果皮中等厚度；果肉黄色，质地软，有香味。

4. 生物学习性

生长势中等，开始结果年龄为3年，全树一致成熟，成熟期落粒轻微，一季结果，早期落叶。

品种评价

优质，耐旱，果实可食用；对寒、旱、涝、瘠、盐、风、日灼等恶劣环境抵抗能力较强；繁殖方式为嫁接，对土壤的要求pH中性偏酸。

叶正面

成熟枝条

1年生枝

叶背面

果实

马蹄村 1 号

Actinidia chinensis Planch 'Maticun 1'

调查编号：FANGJBQXJ006

所属树种：中华猕猴桃 *Actinidia chinensis* Planch

提供人：韩华中
电　话：15938825798
住　址：河南省南阳市西峡县丁家镇马蹄村

调查人：齐秀娟
电　话：13903865864
单　位：中国农业科学院郑州果树研究所

调查地点：河南省南阳市西峡县丁家镇马蹄村

地理数据：GPS数据（海拔：588m，经度：E111°1801.04"，纬度：N33°28'29.37"）

样本类型：果实、种子、枝条、叶片

生境信息

来源于当地资源保护区，地形为坡地及河谷，土壤质地为砂壤土。种植年限4年，现存3株。

植物学信息

1. 植株情况

植株树势中等，成枝率中等。

2. 植物学特征

自由攀附，不埋土露地越冬，多干。藤本，1年生枝绿褐色，上具中等数量短梭形皮孔，老枝黄褐色。嫩梢上无茸毛。幼叶绿色，叶下表面叶脉间无茸毛。成龄叶长8～10cm，宽8～10cm，超广卵形，叶柄紫红色，长8～10cm，粗4～6mm。成龄叶片深绿色，裂片数三裂，上缺刻深；叶片绿色，边缘具尖锯齿。

3. 果实性状

果实卵形，果肩方。果皮黄褐色，密集黄色点状皮孔，且有均匀分布的白色短茸毛，萼片宿存，果喙端圆。果皮中等厚度；果肉黄色，质地软，有香味。

4. 生物学习性

生长势中等，开始结果年龄为3年，全树一致成熟，成熟期落粒轻微，一季结果，早期落叶。

品种评价

优质，耐旱，果实可食用；对寒、旱、涝、瘠、盐、风、日灼等恶劣环境抵抗能力较强；繁殖方式为嫁接，对土壤的要求pH中性偏酸。

整株

叶片

枝条

果实

马蹄村 2 号

Actinidia chinensis Planch 'Maticun 2'

调查编号：FANGJBQXJ007

所属树种：中华猕猴桃 *Actinidia chinensis* Planch

提 供 人：韩华中
电　　话：15938825798
住　　址：河南省南阳市西峡县丁家镇马蹄村

调 查 人：齐秀娟
电　　话：13903865864
单　　位：中国农业科学院郑州果树研究所

调查地点：河南省南阳市西峡县丁家镇马蹄村

地理数据：GPS数据（海拔：613m，经度：E111°17′59.18″，纬度：N33°28′23.48″）

样本类型：果实、种子、枝条、叶片

生境信息

来源于当地，坡度为75°、坡向为东北的旷野中。代表生长环境的建群种、优势种、标志种为山茱萸。土壤质地为砂土。种植年限4年，现存1株。

植物学信息

1. 植株情况

植株树势中等，成枝率中等。

2. 植物学特征

自由攀附，不埋土露地越冬，多干。藤本，1年生枝绿褐色，上具中等数量短梭形皮孔，老枝黄褐色。嫩梢上无茸毛。幼叶绿色，叶下表面叶脉间有极疏直立茸毛。成龄叶片绿色，边缘具尖锯齿，背面有紧贴茸毛。叶长6.5cm，宽9cm，超广卵形。叶柄黄绿色，长度6～7cm，粗3～4mm。

3. 果实性状

果实短梯形，果肩方。果皮黄褐色，密集黄色点状皮孔，且有均匀分布的白色短茸毛，萼片宿存，果喙端浅凹。果皮中等厚度；果肉黄色，质地软，有香味。

4. 生物学习性

生长势中等，开始结果年龄为3年，全树一致成熟，成熟期落粒轻微，一季结果，早期落叶。

品种评价

优质，耐旱，果实可食用；对寒、旱、涝、瘠、盐、风、日灼等恶劣环境抵抗能力较弱；繁殖方式为嫁接，对土壤的要求pH中性偏酸。

生境　　植株　　叶片　　枝条　　果实

马蹄村 3 号

Actinidia chinensis Planch 'Maticun 3'

◉ 调查编号：FANGJBQXJ008

◉ 所属树种：中华猕猴桃 *Actinidia chinensis* Planch

◉ 提 供 人：韩华中
　　电　话：15938825798
　　住　址：河南省南阳市西峡县丁家镇马蹄村

◉ 调 查 人：齐秀娟
　　电　话：13903865864
　　单　位：中国农业科学院郑州果树研究所

◉ 调查地点：河南省南阳市西峡县丁家镇马蹄村

◉ 地理数据：GPS数据（海拔：607m，经度：E111°17'38.62"，纬度：N33°28'44.78"）

◉ 样本类型：果实、种子、枝条、叶片

📋 生境信息

来源于当地，坡度为80°、坡向为东北的旷野中。代表生长环境的建群种、优势种、标志种为山茱萸。土壤质地为砂土。种植年限8年，现存1株。

📖 植物学信息

1. 植株情况

植株树势中等，成枝率中等，最大干周18cm。

2. 植物学特征

自由攀附，不埋土露地越冬，多干。藤本，1年生枝绿褐色，上具中等数量短梭形和长梭形皮孔，老枝黄褐色。嫩梢上无茸毛。幼叶绿色，叶下表面叶脉间有极疏匍匐茸毛。成龄叶片绿色，边缘具尖锯齿，背面有紧贴茸毛。叶长10~11.5cm，宽11~12cm，超广卵形。叶柄黄绿色，长7~8cm，粗4~5mm。

3. 果实性状

果实短柱形，果肩方。果皮黄褐色，密集黄色点状皮孔，且有均匀分布的短茸毛，萼片宿存，果喙端浅凹。果皮中等厚度；果肉黄色，质地软，有香味。

4. 生物学习性

生长势中等，开始结果年龄为3年，全树一致成熟，成熟期落粒轻微，一季结果，早期落叶。

📖 品种评价

优质，耐旱，果实可食用；对寒、旱、涝、瘠、盐、风、日灼等恶劣环境抵抗能力较弱；繁殖方式为嫁接，对土壤的要求pH中性偏酸。

生境

枝条

叶片

整株

果实

马蹄村 4 号

Actinidia chinensis Planch 'Maticun 4'

调查编号：FANGJBQXJ009

所属树种：中华猕猴桃 *Actinidia chinensis* Planch

提 供 人：韩华中
电　　话：15938825798
住　　址：河南省南阳市西峡县丹水镇七峪村杜湾组

调 查 人：齐秀娟
电　　话：13903865864
单　　位：中国农业科学院郑州果树研究所

调查地点：河南省南阳市西峡县丁家镇马蹄村

地理数据：GPS数据（海拔：238m，经度：E111°17'38.62"，纬度：N33°28'44.78"）

样本类型：果实、种子、枝条、叶片

生境信息

来源于当地田间平地。土壤质地为砂土。种植年限3年，现存1株。

植物学信息

1. 植株情况

植株树势中等，成枝率中等。

2. 植物学特征

自由攀附，不埋土露地越冬，多干。藤本，1年生枝黄褐色，上具中等数量短棱形和长棱形皮孔，老枝黄褐色。嫩梢具极疏茸毛，梢尖茸毛着色极浅。幼叶绿色带黄斑，叶下表面叶脉间无茸毛。成龄叶片绿色带黄斑，边缘具尖锯齿，背面有稀疏直立茸毛。叶长16～17cm，宽10～14cm，超广卵形。叶柄黄绿色，长15～16cm，粗5～6mm。

3. 果实性状

果实短梯形，果肩方。果皮黄褐色，有密集黄色点状皮孔，且有均匀分布的短茸毛，萼片宿存，果喙端钝凸。果皮中等厚度；果肉黄色，质地软，有香味。

4. 生物学习性

生长势中等，开始结果年龄为3年，全树一致成熟，成熟期落粒轻微，一季结果，早期落叶。

品种评价

优质，果实可食用；对寒、旱、涝、瘠、盐、风、日灼等恶劣环境抵抗能力较强；繁殖方式为嫁接，对土壤的要求pH中性偏酸。

整株

1 年生枝

叶片

马蹄村 5 号

Actinidia chinensis Planch 'Maticun 5'

调查编号： FANGJBQXJ010

所属树种： 中华猕猴桃 *Actinidia chinensis* Planch

提 供 人： 韩华中
电　　话： 15938825798
住　　址： 河南省南阳市西峡县丹水镇七峪村杜湾组

调 查 人： 齐秀娟
电　　话： 13903865864
单　　位： 中国农业科学院郑州果树研究所

调查地点： 河南省南阳市西峡县丁家镇马蹄村

地理数据： GPS数据（海拔：244m，经度：E111°37′32.47″，纬度：N33°14′30.0″）

样本类型： 果实、种子、枝条、叶片

生境信息

来源于当地田间平地。土壤质地为砂土。种植年限3年，现存1株。

植物学信息

1. 植株情况

植株树势中等，成枝率中等。

2. 植物学特征

自由攀附，不埋土露地越冬，多干。藤本，1年生枝灰褐色，上具中等数量短梭形和长梭形皮孔，老枝棕褐色。嫩梢具极疏茸毛，梢尖茸毛着色极浅。幼叶绿色带黄斑，叶下表面叶脉间无茸毛。成龄叶片绿色，边缘具尖锯齿，背面有稀疏直立茸毛。叶长8~10cm，宽10~12cm，广倒卵形。叶柄黄绿色，长5~7cm，粗3~5mm。

3. 果实性状

果实短梯形，果肩方。果皮黄褐色，有密集黄色点状皮孔，且有均匀分布的黄色短茸毛，萼片宿存，果喙端平。果皮中等厚度；果肉黄色，质地软，有香味。

4. 生物学习性

生长势中等，开始结果年龄为3年，全树一致成熟，成熟期落粒轻微，一季结果，早期落叶。

品种评价

优质，果实可食用；对寒、旱、涝、瘠、盐、风、日灼等恶劣环境抵抗能力较弱；繁殖方式为嫁接，对土壤的要求pH中性偏酸。

整株

叶片

枝条

成熟枝条

竹园沟 1 号

Actinidia chinensis Planch 'Zhuyuangou 1'

调查编号：FANGJBQXJ011

所属树种：中华猕猴桃 *Actinidia chinensis* Planch

提供人：苏建武
电　话：13838837735
住　址：河南省洛阳市大清沟街上村竹园沟正沟

调查人：齐秀娟
电　话：13903865864
单　位：中国农业科学院郑州果树研究所

调查地点：河南省洛阳市大清沟街上村竹园沟正沟

地理数据：GPS数据（海拔：175m，经度：E111°42′39″，纬度：N33°53′56.96″）

样本类型：果实、种子、枝条、叶片

生境信息

来源于当地坡度为80°、坐南向北的原始林中。土壤质地为黏壤土。现存1株，最大干周19cm。

植物学信息

1. 植株情况

植株树势中等，成枝率中等。

2. 植物学特征

自由攀附，不埋土露地越冬，多干。藤本，1年生枝绿褐色，上具中等数量短梭形和长梭形皮孔，老枝棕褐色。嫩梢无茸毛，幼叶黄绿色，叶下表面叶脉间无茸毛。成龄叶片绿色，边缘具尖锯齿，背面有稀疏紧贴茸毛。叶长13cm，宽9.5cm，超广倒卵形。叶柄黄绿色，叶柄洼基部U形，长17~18cm，粗4~5mm。

3. 果实性状

果实卵形，果肩圆。果皮黄褐色，密集黄色点状皮孔，且有均匀分布的白色短茸毛，萼片宿存，可见花萼环，果喙端微尖凸。果皮中等厚度；果肉黄色，质地软，有香味。

4. 生物学习性

生长势中等，开始结果年龄为3年，全树一致成熟，成熟期落粒轻微，一季结果，早期落叶。

品种评价

优质，果实可食用；对寒、旱、涝、瘠、盐、风、日灼等恶劣环境抵抗能力较强；繁殖方式为嫁接，对土壤的要求pH中性偏酸。

生境

整株

叶片

成熟枝条

十年生枝条

根部

果实

竹园沟2号

Actinidia chinensis Planch 'Zhuyuangou 2'

调查编号：FANGJBQXJ012

所属树种：中华猕猴桃 *Actinidia chinensis* Planch

提 供 人：苏建武
电　　话：13838837735
住　　址：河南省洛阳市大清沟街上村竹园沟正沟

调 查 人：齐秀娟
电　　话：13903865864
单　　位：中国农业科学院郑州果树研究所

调查地点：河南省洛阳市大清沟街上村竹园沟正沟

地理数据：GPS数据（海拔：854m，经度：E111°42'37.46"，纬度：N33°53'41.92"）

样本类型：果实、种子、枝条、叶片

生境信息

来源于当地坡度为75°朝东的原始林中。代表生长环境的建群种、优势种、标志种为桦栎。土壤质地为砂土，现存1株。

植物学信息

1. 植株情况

植株树势中等，成枝率中等。

2. 植物学特征

自由攀附，不埋土露地越冬，多干。藤本，1年生枝绿褐色，上具少量短梭形和长梭形皮孔，老枝深紫褐色。嫩梢无茸毛，幼叶黄绿色，叶下表面叶脉间有极稀匍匐茸毛。成龄叶片绿色，边缘具尖锯齿，背面有稀疏紧贴茸毛。叶长13cm，宽12cm，卵圆形。叶柄黄绿色，长6~8cm，粗5~6mm。

3. 果实性状

果实卵形，果肩圆。果皮黄褐色，密集黄色点状皮孔，且有均匀分布的黄褐色短茸毛，萼片宿存，可见花萼环，果喙端圆。果皮中等厚度；果肉黄色，质地软，有香味。

4. 生物学习性

生长势中等，开始结果年龄为3年，全树一致成熟，成熟期落粒轻微，一季结果，早期落叶。

品种评价

优质，果实可食用；对寒、旱、涝、瘠、盐、风、日灼等恶劣环境抵抗能力较强；繁殖方式为嫁接，对土壤的要求pH中性偏酸。

树干

成熟枝条

1年生枝

叶背面

果实

竹园沟3号

Actinidia chinensis Planch 'Zhuyuangou 3'

調查編号：FANGJBQXJ013

所属树种：中华猕猴桃 *Actinidia chinensis* Planch

提供人：苏建武
电　话：13838837735
住　址：河南省洛阳市大清沟街上村竹园沟正沟

调查人：齐秀娟
电　话：13903865864
单　位：中国农业科学院郑州果树研究所

调查地点：河南省洛阳市大清沟街上村竹园沟正沟

地理数据：GPS数据（海拔：854m，经度：E111°42′37.46″，纬度：N33°53′41.92″）

样本类型：果实、种子、枝条、叶片

生境信息

来源于当地，生于旷野坡地，坡度80°，坡向坐南向北，伴生物种为刺梨。该土地为人工林，土壤质地为黏壤土。

植物学信息

1. 植株情况

植株树势强，成枝率较高。

2. 植物学特征

自由攀附，藤本，1年生枝绿褐色，上具少量长条形和短梭形皮孔，老枝棕褐色，具有少量长梭形和短梭形黄褐色皮孔。嫩梢有极浅茸毛，成熟枝条黄褐色，幼叶绿色带有黄斑，无茸毛，成龄叶长11～13cm，宽10～12cm，卵圆形，叶片绿色，边缘具尖锯齿，质地柔软，叶片正、背面茸毛均紧贴着生；叶柄长6～7cm，粗4～6mm。

3. 果实性状

果实圆柱形；果皮绿褐色，果皮上有黄色点状皮孔，且有均匀分布的白色短茸毛，萼片宿存，果喙端微钝凸。果皮中等厚度；果肉黄色，质地软，无香味。

4. 生物学习性

生长势强，开始结果年龄为3年，全树一致成熟，成熟期落粒轻微，一季结果，早期落叶。

品种评价

高产，耐贫瘠，果实可食用；抗性强，对寒、旱、涝、瘠、盐、风、日灼等恶劣环境有较强抵抗能力；繁殖方式为嫁接，无特殊要求，对土壤的要求pH中性偏酸。

生境

成熟枝条

1年生枝

叶片

树干

竹园沟 4 号

Actinidia chinensis Planch 'Zhuyuangou 4'

◎ 调查编号： FANGJBQXJ014

▤ 所属树种： 中华猕猴桃 *Actinidia chinensis* Planch

▤ 提 供 人： 苏建武
电　　话： 13838837735
住　　址： 河南省洛阳市大清沟街上村竹园沟正沟

▤ 调 查 人： 齐秀娟
电　　话： 13903865864
单　　位： 中国农业科学院郑州果树研究所

◉ 调查地点： 河南省洛阳市大清沟街上村竹园沟正沟

🌐 地理数据： GPS数据（海拔：854m，经度：E111°42′37.46″，纬度：N33°53′41.92″）

▦ 样本类型： 果实、种子、枝条、叶片

📋 生境信息

来源于当地，生于旷野坐南向北，坡度80°。该土地为原始林，土壤质地为砂壤土。

📋 植物学信息

1. 植株情况

植株树势强，成枝率较高。

2. 植物学特征

自由攀附，不埋土露地越冬，多干。藤本，1年生枝绿褐色，上具少量长梭形和短梭形皮孔，老枝棕褐色，具有中等数量长梭形和短梭形黄褐色皮孔。嫩梢有极疏茸毛，梢尖茸毛着色极浅，幼叶绿色带有白斑，叶下表面叶脉间有茸毛，成龄叶长12~14cm，宽11~13cm，卵圆形；叶片绿色，边缘具尖锯齿，质地柔软；叶片正、背面茸毛均紧贴着生，叶柄长度6~7cm，粗度4~6mm。

3. 果实性状

果实圆柱形；果皮黄绿色，果皮上有黄褐色点状皮孔，且有均匀分布的白色短茸毛，萼片宿存，果喙端浅凹。果皮中等厚度；果肉黄色，质地软，无香味。

4. 生物学习性

生长势强，开始结果年龄为3年，全树一致成熟，成熟期落粒轻微，一季结果，早期落叶。

📖 品种评价

高产，耐贫瘠，果实可食用；抗性强，对寒、旱、涝、瘠、盐、风、日灼等恶劣环境有较强抵抗能力；繁殖方式为嫁接，对土壤的要求pH中性偏酸。

果实

1年生枝

叶片

参考文献

安和祥, 王俊儒, 蔡达荣, 等. 1983. 中华猕猴桃花粉生命力和保藏力试验简报[J]. 中国果树, (01): 19.

崔致学. 1993. 中国猕猴桃[M]. 济南: 山东科技出版社.

陈启亮, 陈庆红, 顾霞, 等. 2009. 中国猕猴桃新品种选育成就与展望[J]. 中国南方果树, 38 (02): 70-76.

陈延惠, 李洪涛, 朱道圩, 等. 2003. RAPD分子标记在猕猴桃种质资源鉴定上的应用[J]. 河南农业大学学报, 37(4): 360-364.

陈永安, 陈鑫, 刘艳飞. 2012. 采粉期及贮藏条件对猕猴桃花粉生活力的影响[J]. 西北农林科技大学学报(自然科学版), 40(08): 157-160.

丁建. 2006. 四川猕猴桃种质资源研究 [D]. 雅安: 四川农业大学, 2006: 3-6.

段亚东. 2013. 黑龙江省野生猕猴桃资源及开发利用[J]. 黑龙江农业科学(1) : 137-139.

高敏. 2016. 猕猴桃雄株倍性对果实的影响[J]. 中国果业信息(11): 59-59.

顾颖. 2017. 果农选择经营组织模式的影响因素分析——基于四川省苍溪县猕猴桃产业调研[J]. 江苏农业科学, 45(8) : 342-345.

方嘉禾. 2006. 我国果树种质资源保护现状[C]. 中国园艺学会第十次全国李杏资源研究与利用学术研讨会论文集. 北京: 中国农业出版社，2006: 49-54.

黄宏文, 龚俊杰, 王圣梅, 等. 2000. 猕猴桃属(Actinidia)植物的遗传多样性[J]. 生物多样性, 8(1): 1-12.

黄宏文. 2013. 猕猴桃属分类资源驯化栽培[M]. 北京: 科学出版社.

黄仁煌, 王圣梅. 1995. 繁花猕猴桃—猕猴桃属一新种[J]. 植物科学学报(2): 113-115.

黄韦. 2009. 中华猕猴桃/美味猕猴桃复合体自然居群倍性变异格局的研究[D]. 武汉: 华中农业大学.

贾爱平, 王飞, 姚春潮, 等. 2010. 猕猴桃种间及种内杂交亲和性研究[J]. 西北植物学报, 30(9): 1809-1814.

姜正旺, 黄宏文, 张忠慧, 等. 2004. 我国猕猴桃属植物资源的保存和利用研究进展[C]. 中国园艺学会第六届青年学术讨论会, 陕西杨凌.

蒋华曾. 1995. 云南猕猴桃二新种[J]. 西南大学学报(自然科学版)(2) : 93-97.

蒋志娟. 2017. 黄山市徽州区猕猴桃资源调查及其发展建议[J]. 现代农业科技, 0(9) : 107, 110.

李建强, 蔡清, 黄宏文. 论称猴桃属的系统发育[C]. 武汉1998国际称猴桃研讨会论文集, 武汉: 80-86.

李健仔, 李思光, 罗玉萍, 等. 2003. 猕猴桃属植物叶绿体基因PCR-RFLP分析[J]. 植物研究, 23(3) : 328-333.

李永强, 李宏伟, 高丽锋, 等. 2004. 基于表达序列标签的微卫星标记(EST-SSRs)研究进展[J]. 植物遗传资源学报, 5(1) : 91-95.

李志, 方金豹, 齐秀娟, 等. 2016. 不同倍性雄株对软枣猕猴桃坐果及果实性状的影响[J]. 果树学报33(6) : 658-663.

李林. 2015. 六盘水市猕猴桃资源调查及发展趋势[J]. 现代园艺, 0(20) : 18-19.

李晓改. 2016. 西峡县野生猕猴桃资源的保护与利用[J]. 特种经济动植物, 19(11) : 49-50.

梁畴芬. 1983. 论猕猴桃属植物的分布[J]. 广西植物2(4) : 3-22.

梁畴芬, 福格逊. 1984. 中华猕猴桃硬毛变种学名订正[J]. 广西植物4(3)：3-4.

梁红, 胡延吉, 刘忠平, 等. 2011. 广东猕猴桃产业技术线路图研究[J]. 仲恺农业工程学院学报, 24(1)：44-50, 60.

梁红. 2002. 和平县猕猴桃产业化发展研究[J]. 农业与技术, 22(6): 45-48.

梁红. 2006. 猕猴桃冷藏花粉的初步研究[J]. 中国种业, (01): 37-38.

刘磊. 2015. 贵州东部地区猕猴桃野生种质资源调查[J]. 中国野生植物资源, 34(4)：55-58.

林太宏, 熊兴耀. 1991. 美味猕猴桃一新变种[J]. 广西植物11(2)：117-117.

刘虹, 刘锡红, 刘秋宇, 等. 2014. 利用叶绿体基因组高变片段对7个软枣猕猴桃居群遗传多样性的研究[J]. Botanical Research, 03: 238-248.

刘娟, 廖明安, 谢玥, 等. 2015. 猕猴桃属16个雄性材料遗传多样性的ISSR分析[J]. 植物遗传资源学报, 16(3)：233-234.

孟蒙, 唐维, 刘嘉, 等. 2014. 基于中华猕猴桃"红阳"转录组序列开发EST-SSR分子标记(英文) [J]. 应用与环境生物学报, 20(04): 564-570.

齐秀娟, 徐善坤, 钟云鹏, 等. 2016. 不同来源猕猴桃雄株花粉特性遗传差异及聚类分析[J]. 果树学报, 33(10)：1194-1205.

齐秀娟, 张绍铃, 方金豹. 2011. 培养环境条件对猕猴桃花粉萌发的影响[J]. 浙江农业学报, (03): 528-53.

齐秀娟, 张绍铃, 方金豹. 2010. 植物生长调节剂对猕猴桃花粉萌发的影响. 经济林研究, 28(03): 45-50.

任国慧, 俞明亮, 冷翔鹏, 等. 2013. 我国国家果树种质资源研究现状及展望——基于中美两国国家果树种质资源圃的比较[J]. 中国南方果树, 42(01)：114-118.

沈根华, 王晓庆, 骆军, 等. 2008. 大棚栽培对梨花粉量及花粉生活力的影响[J]. 上海农业学报, (03): 54-57.

舒巧云, 刘珠琴, 章建红, 等. 2015. 不同授粉器对猕猴桃授粉效果的影响[J]. 浙江农业科学, (09): 1416-1417.

岁立云, 刘义飞, 黄宏文. 2013. 红肉猕猴桃种质资源果实性状及AFLP遗传多样性分析[J]. 园艺学报, 40(5)：859.

孙桂春. 2001. 日本猕猴桃的育种及近十年育成的新品种[J]. 柑橘与亚热带果树信息, 17(10): 7-8.

孙华美, 黄仁煌. 1994. 猕猴桃属一新种——湖北猕猴桃[J]. 植物科学学报, 12(4)：321-323.

孙兢喆. 2014. 猕猴桃属植物的现代药理学研究进展[J]. 当代医药论丛, 12(19)：136-137.

汤佳乐, 黄春辉, 吴寒, 等. 2014. 野生毛花猕猴桃果实表型性状及SSR遗传多样性分析[J]. 园艺学报, 41(6)：1198-1206.

王传明. 2015. 黔南州野生猕猴桃资源调查研究[J]. 现代农业科技, 0(19)：113-114.

王大为. 2017. 基于产业发展视角下的农业标准化推广应用研究——以四川省蒲江猕猴桃产业为例[J]. 农业展望, 13(3)：61-65.

王佳卉. 2014. 软枣猕猴桃EST-SSR分子标记的开发及遗传多样性分析[D]. 长春: 吉林农业大学.

王斯妤, 钟敏, 廖光联, 等. 2017. 不同猕猴桃雄株花粉量及花粉活力差异研究. 江西农业大学学报, 39(3)：460-467.

王圣梅, 黄仁煌. 1994. 猕猴桃远缘杂交育种研究[J]. 果树学报(1)：23-26.

王显军. 2015. 凤城市软枣猕猴桃资源现状分析与发展对策[J]. 农业科技与装备, 0(10)：70-71

王郁民, 任小林, 李嘉瑞. 1991. 中华猕猴桃花粉萌发的磁生物学效应[J]. 落叶果树(01): 1-2.

王郁民, 李嘉瑞. 1992. 猕猴桃花粉的有机溶剂保存[J]. 落叶果树, (02): 3-7+65.

王志宏. 2016. 小陇山林区中华猕猴桃资源状况及开发利用探讨[J]. 特种经济动植物, 19(5) 53-54.

吴寒, 张晓慧, 朱博, 等. 2014. 野生毛花猕猴桃雄株花粉活性比较. 中国南方果树(03), 118+123.

吴洁芳. 2011. 广东主要果树种质资源收集保存现状与展望[J]. 广东农业科学, 38(5)：60-63.

吴晓婷. 2016. 四川苍溪猕猴桃产业竞争力评价及其影响因素[J]. 贵州农业科学, 44(1)：177-181.

谢鸣, 吴延军, 蒋桂华, 等. 2008. 大果毛花猕猴桃新品种'华特'[J]. 果农之友, 35(10)：1555-1555.

谢玥, 潘美玲, 庄启国, 等. 2013. 红阳猕猴桃及其杂交后代的ISSR指纹图谱构建及遗传多样性分析[J]. 基因组学与应用生物学, 32(1)：76-82.

熊治廷. 1992. 栽培中华猕猴桃的染色体观察. 广西植物, (1): 79-82.

熊治廷, 黄仁煌. 1998. 中华猕猴桃若干株系的染色体数目[J]. 植物科学学报, 16(4)：302-304.

邢福武. 2011. 南岭植物物种多样性编目[M]. 武汉: 华中科技大学出版社.

徐小彪. 2004. 猕猴桃属植物的遗传多样性及种质超低温保存研究 [D]. 长沙: 湖南农业大学.

徐小彪, 姜春芽, 廖娇, 等. 2010. 中华猕猴桃矮型性状EST-SSR连锁标记的筛选[J]. 园艺学报, 37(4) : 553-558.

徐小彪, 黄春辉, 曲雪艳, 等. 2015. 毛花猕猴桃新品种 '赣猕6号' [J]. 园艺学报, 42(12) : 2539-2540.

闫春林. 2016. 中华猕猴桃复合体染色体倍性与cpDNA单倍型的地理分布变异 [M]. 武汉: 中国科学院武汉植物园.

杨红, 余和明, 李小艳, 等. 2015. 猕猴桃花粉生活力测定方法及花药处理方法研究[J]. 北方园艺 , (08): 36-39.

杨文波. 1983. 猕猴桃花粉贮藏与生活力的探讨(简报)[J]. 植物生理学报, (5): 33-35.

杨曼倩, 黄艳芳, 黎结池, 等. 2003. 和平县野生猕猴桃资源调查[J]. 农业与技术, 23(3): 80-84.

姚春潮, 张朝红, 刘旭锋, 等. 2005. 猕猴桃花粉萌发动态及培养基成分对花粉萌发的影响. 中国南方果树, 34(02): 50-51.

姚春潮, 龙周侠, 刘旭峰, 等. 2010. 不同干燥及贮藏方法对猕猴桃花粉活力的影响[J]. 北方园艺, (20): 37-39.

易盼盼, 樊红科, 雷玉山, 等. 2015. 猕猴桃抗溃疡病基因连锁SSR分子标记初步研究[J]. 西北农林科技大学学报: 自然科学版, 43(4) : 91-98.

张田, 李作洲, 刘亚令, 等. 2007. 猕猴桃属植物的cpSSR遗传多样性及其同域分布物种的杂交渐渗与同塑[J]. 生物多样性, 15(1): 1-22.

曾华, 李大卫, 黄宏文. 2009. 中华猕猴桃和美味猕猴桃的倍性变异及地理分布研究[J]. 植物科学学报, 27(3): 312-317.

钟彩虹, 黄宏文, 龚俊杰, 等. 2017. 猕猴桃优质新品种选用及规模产业化[J]. 中国科技成果, (4) : 29-31.

CIPRIANI G, BELLA R D, TESTOLIN R. 1996. Screening RAPD primers for molecular taxonomy and cultivar fingerprinting in the genus Actinidia[J]. Euphytica, 90 (2): 169-174.

FERGUSON A R. 2004. 1904—the year that kiwifruit (Actinidia deliciosa) came to New Zealand[J]. New Zealand Journal of Crop & Horticultural Science, 32(1): 3-27.

FERGUSON R. 2014. Kiwifruit in the world[R], Horticultural Society of Kiwifruit branch of China and Chengdu municipal people's Government : Chengdu.

HARVEY C F, GILL G P, FRASER L G. 2002. Strategies for breeding in Actinidia (Kiwifruit): A framework map and its uses[J]. Acta Horticulturae, 575(575): 337-343.

HUANG S X, JIAN D, DENG D Jejing, et al. 2013. Draft genome of the kiwifruit Actinidia chinensis [J]. Nature Communications, 4(4): 2640.

HUANG W G, CIRPRIANI G, MORGANTE M, et al. 1998. Microsatellite DNA in Actinidia chinensis: isolation, characterisation, and homology in related species[J]. Theoretical & Applied Genetics, 97(8): 1269-1278.

KOKUDO K, BEPPU K, KATAOKA I, et al. 2003. Phylogenetic classification of introduced and indigenous actinidia in Japan and identification of interspecific hybrids using RAPD analysis[J]. Acta Horticulturae, 610(610): 351-356.

LIU Y F, LIU Y L, HUANG H W. 2010. Genetic variation and natural hybridization among sympatric Actinidia species and the implications for introgression breeding of kiwifruit[J]. Tree Genetics & Genomes, 6(5): 801-813.

MCNEILAGE M A, CONSIDINE J A 1989. Chromosome studies in some Actinidia taxa and implications for breeding[J]. New Zealand Journal of Botany, 27(1): 71-81.

TESTOLIN R, GASPERO G D, HUANG W G, et al. 2003. Linkage map in kiwifruit: The choice of mapping populations [J]. Acta Horticulturae(610): 517-523.

附录一
各树种重点调查区域

树种	重点调查区域	
	区域	具体区域
石榴	西北区	新疆叶城，陕西临潼
	华东区	山东枣庄，江苏徐州，安徽怀远、淮北
	华中区	河南开封、郑州、封丘
	西南区	四川会理、攀枝花，云南巧家、蒙自，西藏山南、林芝、昌都
樱桃		河南伏牛山，陕西秦岭，湖南湘西，湖北神农架，江西井冈山等；其次是皖南，桂西北，闽北等地
核桃	东部沿海区	辽东半岛的丹东、庄河、瓦房店、普兰店，辽西地区，河北卢龙、抚宁、昌黎、遵化、涞水、易县、阜平、平山、赞皇、邢台、武安、北京平谷、密云、昌平，天津蓟县、宝坻、武清、宁河，山东长清、泰安、章丘、苍山、费县、青州、临朐，河南济源、林州、登封、濮阳、辉县、柘城、罗山、商城，安徽亳州、涡阳、砀山、萧县，江苏徐州、连云港
	西北区	山西太行、吕梁、左权、昔阳、临汾、黎城、平顺、阳泉，陕西长安、户县、眉县、宝鸡、渭北，甘肃陇南、天水、宁县、镇原、武威、张掖、酒泉、武都、康县、徽县、文县，青海民和、循化、化隆、互助、贵德，宁夏固原、灵武、中卫、青铜峡
	新疆区	和田、叶城、库车、阿克苏、温宿、乌什、莎车、吐鲁番、伊宁、霍城、新源、新和
	华中华南区	湖北郧县、郧西、竹溪、兴山、秭归、恩施、建始，湖南龙山、桑植、张家界、吉首、麻阳、怀化、城步、通道，广西都安、忻城、河池、靖西、那坡、田林、隆林
	西南区	云南漾濞、永平、云龙、大姚、南华、楚雄、昌宁、宝山、施甸、昭通、永善、鲁甸、维西、临沧、凤庆、会泽、丽江，贵州毕节、大方、威宁、赫章、织金、六盘水、安顺、息烽、遵义、桐梓、兴仁、普安，四川巴塘、西昌、九龙、盐源、德昌、会理、米易、盐边、高县、筠连、叙永、古蔺、南坪、茂县、理县、马尔康、金川、丹巴、康定、泸定、峨边、马边、平武、安州、江油、青川、剑阁
	西藏区	林芝、米林、朗县、加查、仁布、吉隆、聂拉木、亚东、错那、墨脱、丁青、贡觉、八宿、左贡、芒康、察隅、波密
板栗	华北	北京怀柔、天津蓟县、河北遵化、承德，辽宁凤城，山东费县，河南平桥、桐柏、林州，江苏徐州
	长江中下游	湖北罗田、京山、大悟、宜昌，安徽舒城、广德，浙江缙云，江苏宜兴、吴中、南京
	西北	甘肃南部，陕西渭河以南，四川北部，湖北西部，河南西部
	东南	浙江、江西东南部，福建建瓯、长汀，广东广州，广西阳朔，湖南中部
	西南	云南寻甸、宜良，贵州兴义、毕节、台江，四川会理，广西西北部，湖南西部
	东北	辽宁，吉林省南部
山楂	北方区	河南林县、辉县、新乡，山东临朐、沂水、安丘、潍坊、泰安、莱芜、青州，河北唐山、沧州、保定，辽宁鞍山、营口等地
	云贵高原区	云南昆明、江川、玉溪、通海、呈贡、昭通、曲靖、大理，广西田阳、田东、平果、百色，贵州毕节、大方、威宁、赫章、安顺、息烽、遵义、桐梓
柿	南方	广东五华、潮汕，福建安溪、永泰、仙游、大田、云霄、莆田、南安、龙海、漳浦、诏安，湖南祁阳
	华东	浙江杭州，江苏邳县，山东菏泽、益都、青岛
	北方	陕西富平、三原、临潼，河南荥阳、焦作、林州，河北赞皇，甘肃陇南，湖北罗田
枣	黄河中下游流域冲积土分布区	河北沧州、赞皇和阜平，河南新郑、内黄、灵宝，山东乐陵和庆云，陕西大荔，山西太谷、临猗和稷山，北京丰台和昌平，辽宁北票、建昌等
	黄土高原丘陵分布区	山西临县、柳林、石楼和永和，陕西佳县和延川
	西北干旱地带河谷丘陵分布区	甘肃敦煌、景泰，宁夏中卫、灵武，新疆喀什

树种	重点调查区域	
	区域	具体区域
李	东北区	黑龙江，吉林，辽宁，内蒙古东部
	华北区	河北，山东，山西，河南，北京，天津
	西北区	陕西，甘肃，青海，宁夏，新疆，内蒙古西部
	华东区	江苏，安徽，浙江，福建，台湾，上海
	华中区	湖北，湖南，江西
	华南区	广东，广西
	西南及西藏区	四川，贵州，云南，西藏
杏	华北温带区	北京，天津，河北，山东，山西，陕西，河南，江苏北部，安徽北部，辽宁南部，甘肃东南部
	西北干旱带区	新疆天山、伊犁河谷，甘肃秦岭西麓、子午岭、兴隆山区，宁夏贺兰山区，内蒙古大青山、乌拉山区
	东北寒带区	大兴安岭、小兴安岭和内蒙古与辽宁、吉林、华北各省交界的地区，黑龙江富锦、绥棱、齐齐哈尔
	热带亚热带区	江苏中部、南部，安徽南部，浙江，江西，湖北，湖南，广西
	西南高原区	西藏芒康、左贡、八宿、波密、加查、林芝，四川泸定、丹巴、汶川、茂县、西昌、米易、广元，贵州贵阳、惠水、盘州、开阳、黔西、毕节、赫章、金沙、桐梓、赤水，云南呈贡、昭通、曲靖、楚雄、建水、永善、祥云、蒙自
猕猴桃	重点资源省份	云南昭通、文山、红河、大理、怒江，广西龙胜、资源、全州、兴安、临桂、灌阳、三江、融水，江西武夷山、井冈山、幕阜山、庐山、石花尖、黄岗山、万龙山、麻姑山、武功山、三百山、军峰山、九岭山、官山、大茅山，湖北宜昌，陕西周至，甘肃武都，吉林延边
梨	辽西京郊地区	辽宁鞍山、海城、绥中、盘山，京郊大兴、怀柔、平谷、大厂
	云贵川地区	云南迪庆、丽江、红河、富源、昭通、思茅、大理、巍山、腾冲，贵州六盘水、河池、金沙、毕节、赫章、威宁、凯里、四川乐山、会理、盐源、昭觉、德昌、木里、阿坝、金川、小金、江油、汉源、攀枝花、达川、简阳
	新疆、西藏地区	库尔勒、喀什和田、叶城、阿克苏、托克逊、林芝、日喀则、山南
	陕甘宁地区	延安、榆林、庆阳、张掖、酒泉、临夏、甘南、陇西、武威、固原、吴忠、西宁、民和、果洛
	广西地区	凭祥、百色、浦北、灌阳、灵川、博白、苍梧、来宾
桃	西北高旱区	新疆，陕西，甘肃，宁夏等地
	华北平原区	位于淮河、秦岭以北，包括北京、天津、河北大部、辽宁南部、山东、山西、河南大部、江苏和安徽北部
	长江流域区	江苏南部、浙江、上海、安徽南部、江西和湖南北部、湖北大部及成都平原、汉中盆地
	云贵高原区	云南、贵州和四川西南部
	青藏高原区	西藏、青海大部、四川西部
	东北高寒区	黑龙江海伦、绥棱、齐齐哈尔、哈尔滨，吉林通化和延边延吉、和龙、珲春一带
	华南亚热带区	福建、江西、湖南南部、广东、广西北部
苹果	东北区	辽宁铁岭、本溪，吉林公主岭、延边、通化，黑龙江东南部，内蒙古库伦、通辽、奈曼旗、宁城
	西北区	新疆伊犁、阿克苏、喀什，陕西铜川、白水、洛川，甘肃天水，青海循化、化隆、尖扎，贵德、民和、乐都、黄龙山区、秦岭山区
	渤海湾区	辽宁大连、普兰店、瓦房店、盖州、营口、葫芦岛、锦州，山东胶东半岛、临沂、潍坊、德州，河北张家口、承德、唐山，北京海淀、密云、昌平
	中部区	河南、江苏、安徽等省的黄河故道地区，秦岭北麓渭河两岸的河南西部、湖北西北部、山西南部
	西南高地区	四川阿坝、甘孜、凤县、茂县、小金、理县、康定、巴塘，云南昭通、宣威、红河、文山，贵州威宁、毕节，西藏昌都、加查、朗县、米林、林芝、墨脱等地
葡萄	冷凉区	甘肃河西走廊中西部，晋北，内蒙古土默川平原，东北中北部及通化地区
	凉温区	河北桑洋河谷盆地，内蒙古西辽河平原，山西晋中、太古，甘肃河西走廊、武威地区，辽宁沈阳、鞍山地区
	中温区	内蒙古乌海地区，甘肃敦煌地区，辽南、赣西及河北昌黎地区，山东青岛、烟台地区，山西清徐地区
	暖温区	新疆哈密盆地，关中盆地及晋南运城地区，河北中部和南部
	炎热区	新疆吐鲁番盆地、和田地区、伊犁地区、喀什地区，黄河故道地区
	湿热区	湖南怀化地区，福建福安地区

附录二
各省（自治区、直辖市）主要调查树种

区划	省（自治区、直辖市）	主要落叶果树树种
华北	北京	苹果、梨、葡萄、杏、枣、桃、柿、李
	天津	板栗、李、杏、核桃
	河北	苹果、梨、枣、桃、核桃、山楂、葡萄、李、柿、板栗、樱桃
	山西	苹果、梨、枣、杏、葡萄、山楂、核桃、李、柿
	内蒙古	苹果、枣、李、葡萄
东北	辽宁	苹果、山楂、葡萄、枣、李、桃
	吉林	苹果、板栗、李、猕猴桃、桃
	黑龙江	苹果、板栗、李、桃
华东	上海	桃、李、樱桃
	江苏	桃、李、樱桃、梨、杏、枣、石榴、柿、板栗
	浙江	柿、梨、桃、枣、李、板栗
	安徽	梨、桃、石榴、樱桃、李、柿、板栗
	福建	葡萄、樱桃、李、柿子、桃、板栗
	江西	柿、梨、桃、李、猕猴桃、杏、板栗、樱桃
	山东	苹果、杏、梨、葡萄、枣、石榴、山楂、李、桃、板栗
华中	河南	枣、柿、梨、杏、葡萄、桃、板栗、核桃、山楂、樱桃、李
	湖北	樱桃、柿、李、猕猴桃、杏树、桃、板栗
	湖南	柿、樱桃、李、猕猴桃、桃、板栗
华南	广东	柿、李、杏、猕猴桃
	广西	樱桃、李、杏、猕猴桃
西南	重庆	梨、苹果、猕猴桃、石榴、板栗
	四川	梨、苹果、猕猴桃、石榴、桃、板栗、樱桃
	贵州	李、杏、猕猴桃、桃、板栗
	云南	石榴、李、杏、猕猴桃、桃、板栗
	西藏	苹果、桃、李、杏、猕猴桃、石榴
西北	陕西	苹果、杏、枣、梨、柿、石榴、桃、葡萄、樱桃、李、板栗
	甘肃	苹果、梨、桃、葡萄、枣、杏、柿、李、板栗
	青海	苹果、梨、核桃、桃、杏、枣
	宁夏	苹果、梨、枣、杏、葡萄、李、板栗
	新疆	葡萄、核桃、梨、桃、杏、石榴、李

附录三
工作路线

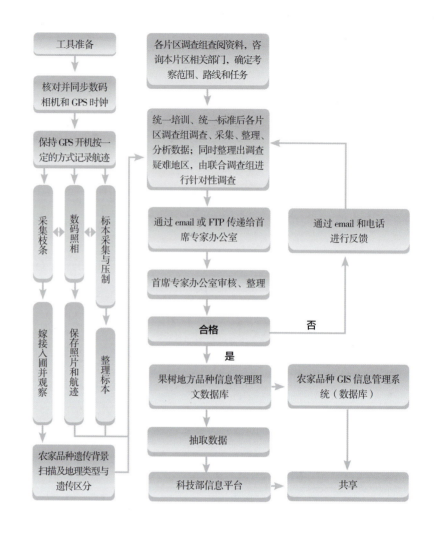

工具准备
↓
核对并同步数码相机和GPS时钟
↓
保持GPS开机按一定的方式记录航迹
↓
采集枝条 | 数码照相 | 标本采集与压制
↓
嫁接入圃并观察 | 保存照片和航迹 | 整理标本
↓
农家品种遗传背景扫描及地理类型与遗传区分

各片区调查组查阅资料，咨询本片区相关部门，确定考察范围、路线和任务
↓
统一培训、统一标准后各片区调查组调查、采集、整理、分析数据；同时整理出调查疑难地区，由联合调查组进行针对性调查
↓
通过email或FTP传递给首席专家办公室
↓
首席专家办公室审核、整理
↓
合格 ——否→ 通过email和电话进行反馈
↓ 是
果树地方品种信息管理图文数据库 → 农家品种GIS信息管理系统（数据库）
↓
抽取数据
↓
科技部信息平台 → 共享

附录四
工作流程

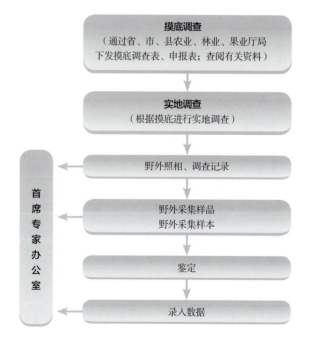

摸底调查
（通过省、市、县农业、林业、果业厅局下发摸底调查表、申报表；查阅有关资料）
↓
实地调查
（根据摸底进行实地调查）
↓
野外照相、调查记录
↓
野外采集样品 野外采集样本
↓
鉴定
↓
录入数据

首席专家办公室

猕猴桃品种中文名索引

Actinidia

猕猴桃品种调查编号索引